市政公用工程施工技术与管理

董浩　主编

延吉・延边大学出版社

图书在版编目（CIP）数据

市政公用工程施工技术与管理 / 董浩主编. -- 延吉 : 延边大学出版社, 2024. 7. -- ISBN 978-7- 230-06914-4

Ⅰ. TU99

中国国家版本馆CIP数据核字第20241NE633号

市政公用工程施工技术与管理

SHIZHENG GONGYONG GONGCHENG SHIGONG JISHU YU GUANLI

主　　编：董　浩
责任编辑：秦玉波
封面设计：文合文化
出版发行：延边大学出版社
社　　址：吉林省延吉市公园路977号　　邮　　编：133002
网　　址：http://www.ydcbs.com　　E-mail：ydcbs@ydcbs.com
电　　话：0433-2732435　　传　　真：0433-2732434
印　　刷：三河市嵩川印刷有限公司
开　　本：710mm×1000mm　1/16
印　　张：14.75
字　　数：250 千字
版　　次：2024 年 7 月 第 1 版
印　　次：2024 年 7 月 第 1 次印刷
书　　号：ISBN 978-7- 230-06914-4

定价：75.00元

前　　言

随着我国城市化进程的不断推进，市政公用工程在城市建设与发展中发挥着日益重要的作用。然而，市政公用工程施工过程中存在的技术和管理问题也日益凸显，对工程质量、进度和成本产生了一定的影响。因此，深入研究市政公用工程施工技术与管理具有重要意义。

施工技术研究对于提高市政公用工程质量具有关键作用。通过不断研究新技术、新工艺，可以有效提高施工效率，降低施工成本，同时保证工程质量。例如，针对市政道路工程，研究合理的基层施工技术、沥青混凝土浇筑技术等，可以延长道路的使用寿命，提高道路的抗压性能。管理研究对于确保市政公用工程进度和提高施工效益至关重要。通过优化施工组织管理、加强进度管理、完善质量管理体系等，可以确保工程按时完工，降低施工风险。同时，加强成本管理、合同管理和风险管理，可以提高施工单位的竞争力和盈利能力。总之，市政公用工程施工技术与管理研究对于提高工程质量、确保工程进度、减少环境污染、提高单位效益和推动行业现代化具有重要意义。施工单位应注重技术创新和人才培养，提高整体施工水平。政府和社会各界也要高度重视市政公用工程施工技术与管理研究，给予政策支持和技术指导，共同推动我国市政公用工程的繁荣发展。

本书以市政公用工程施工技术与管理为研究对象，首先对市政道路工程施工技术、市政桥梁工程施工技术、市政给排水工程施工技术及市政管道工程施工技术进行了介绍，然后对市政公用工程项目管理，包括市政公用工程施工组织管理、合同管理、成本管理、技术管理、现场管理、进度管理、质量管理及安全管理进行了阐述。

在编写本书的过程中，笔者参阅了大量文献，在此向相关文献的作者表示衷心的感谢。由于笔者水平有限，加之编写时间有限，书中难免存在疏漏和不妥之处，恳请广大读者和各位同人、专家不吝批评指正，以便以后对本书进行完善。

董浩

2024年6月

目　　录

第一章　市政道路工程施工技术

第一节　市政道路路基施工

道路路基施工是交通基础设施建设的重要组成部分，它直接关系到道路的质量和使用寿命。随着我国经济社会的快速发展，交通基础设施建设的需求不断增加，道路路基施工技术水平也在不断提高。然而，在实际的施工过程中，还存在一些问题，如施工质量不稳定、施工效率低下、造成环境污染等。因此，研究道路路基施工技术，提高施工质量，对于推动我国交通基础设施建设具有重要意义。目前，国内外在道路路基施工技术方面的研究已经取得了一定的成果。国外研究主要集中在施工工艺、施工设备、施工组织管理等方面，国内研究则主要关注施工质量控制、施工技术规范、施工环境保护等方面。然而，针对道路路基施工技术的系统研究还相对较少，尤其在国内，这一领域的研究还有待进一步深入。

一、市政道路路基工程施工特点与要求

（一）市政道路路基工程施工特点

1.人工作业与机械作业相结合

随着建筑行业的不断发展，越来越多的机械设备被运用到施工过程中，但

有部分施工仍需要人工完成。当前，市政道路路基施工主要有两种作业方式：一种是流水作业，另一种则是分段作业。例如，在土方施工时，除了需要机械设备作业，还需要人工配合。因此，在实际施工过程中，施工人员要做好人机协调工作，只有这样才能保证道路路基工程顺利完工。

2.影响因素多

市政道路路基工程多是在露天施工作业，不仅会受到自然因素的影响，也会受到施工所在区域内建筑物以及管线的影响。施工影响因素众多，会导致施工存在较多的突发情况。为了保证市政道路路基施工顺利进行，施工单位在施工前要与各方沟通协调，只有这样才能保证路基工程的顺利进行。

（二）市政道路路基工程施工要求

1.强度要求

道路路基施工的强度要求是衡量路基质量的重要指标之一。路基的强度要求包括抗压强度、抗剪强度和抗弯强度。在施工过程中，必须确保路基的强度满足设计要求，以保证道路的承载能力和使用寿命。抗压强度是指路基在受到垂直压力作用时的抵抗能力。路基材料的抗压强度应符合相关规范的要求，以确保道路在行车荷载作用下不会发生沉降、变形等。通常，路基材料的抗压强度应不低于规定值，并根据道路等级、荷载类型和设计寿命进行调整。抗剪强度是指路基在受到剪切力作用时的抵抗能力。路基材料的抗剪强度应符合相关规范的要求，以防止道路在行车荷载作用下出现剪切破坏、滑动等现象。通常抗剪强度通过抗剪强度试验来检测，且试验结果须符合相关规范的规定。抗弯强度是指路基在受到弯曲力作用时的抵抗能力。路基材料的抗弯强度应符合相关规范的要求，以确保道路在行车荷载作用下不会出现弯曲破坏、裂缝等现象。通常抗弯强度通过抗弯强度试验来检测，且试验结果须符合相关规范的规定。

2.稳定性要求

道路路基的稳定性是指路基在承受行车荷载和环境因素作用下能够保持

稳定状态的能力。路基稳定性主要包括整体稳定性、抗冲刷稳定性和抗滑稳定性。整体稳定性是指路基整体在受到行车荷载作用时，不会发生整体破坏、失稳等现象。在施工过程中，应采取措施增强路基的整体稳定性，如合理布置排水设施、采用合适的填料和压实工艺等。抗冲刷稳定性是指路基表面在受到水流冲刷作用时能够保持稳定，不被侵蚀。在施工过程中，应采取措施增强路基的抗冲刷稳定性，如设置排水沟、采用抗冲刷材料等。抗滑稳定性是指路基在受到滑动力作用时能够保持稳定，不发生滑动。在施工过程中，应采取措施增强路基的抗滑稳定性，如采用摩擦系数较大的填料、设置防滑层等。

3.耐久性要求

道路路基的耐久性是指路基在长期承受行车荷载和环境因素作用下，能够保持良好性能的能力。路基耐久性主要包括抗疲劳性能、抗腐蚀性能和抗老化性能。抗疲劳性能是指路基在反复承受行车荷载作用时，能够抵抗疲劳破坏的能力。在施工过程中，应采取措施提高路基的抗疲劳性能，如采用高强度、高耐久性的材料，优化施工工艺等。抗腐蚀性能是指路基在受到化学腐蚀作用时，能够抵抗腐蚀破坏的能力。在施工过程中，应采取措施提高路基的抗腐蚀性能，如选用抗腐蚀性较好的材料、设置防护层等。抗老化性能是指路基在长期暴露于自然环境中的情况下，能够抵抗老化破坏的能力。在施工过程中，应采取措施提高路基的抗老化性能，如选用抗老化性较好的材料，加强养护管理等。

二、市政道路路基工程施工要点

随着城镇化进程的不断加快，国家对基础设施建设越来越重视，尤其是市政道路。市政道路对城市的发展起着非常重要的推动作用，其不仅可以促进城市经济发展，而且可以为人们的出行创造良好的条件。但是因交通压力的增加，部分市政道路暴露出各种质量问题。路基作为市政道路的重要组成部分，是保证市政道路耐久性与稳定性的关键。但路基很容易受到外在因素的影响，如荷载过大、雨水侵蚀等。对此，施工单位要掌握路基工程施工技术要点，并结合工程所在地的情况不断优化、创新施工工艺，从而满足交通荷载的要求。

（一）施工前的准备工作

要想市政道路路基工程质量达到预期的建设要求，就要做好施工前的准备工作。

1.技术方面

施工单位在施工前要组织相关人员对施工现场进行勘查，充分了解施工现场的水文地质条件、气候特征等，同时对设计图纸进行会审。这样施工单位可以及时发现图纸中存在的问题，并在与设计人员沟通后对图纸进行修改，从而有效保证施工进度与质量。

2.组织方面

由于市政道路路基工程不仅容易受到自然环境的影响，而且容易受到地下管道及构筑物的影响，为了保证施工顺利进行，在施工前施工单位要与相关单位进行沟通协商，同时也要做好各个施工环节的安排，促使施工环节能够有效衔接。另外，施工单位也要对施工人员进行相关的业务培训，保证施工水平。

3.物资方面

市政道路施工之前，施工单位必须准备充足的物资，即根据生产生活所需采购相关物资。在采购物资之前，采购人员要对建材市场进行调查，在保证施工原材料满足施工要求的基础上，筛选出最优的供应商。此外，在相关设备以及材料进入现场之前，供应商需要提供质量合格证明，相关人员需要按照规定对设备及材料进行复检，检验合格的才能进入施工现场。

（二）测量放样

测量放样是指在市政道路路基工程施工之前依据图纸在现场恢复道路中线，并明确构筑物的位置。在通常情况下，测量主要包含三个部分，分别是高程、边线以及轴线。为了保证测量的准确性，在测量时施工人员首先要熟悉图纸，核对相关数据，并调试、检查测量仪器。另外，施工人员要对导线、中线以及水准点进行复测。在对中线进行复测时，施工人员可适当调整水准基点标高以及加桩的地面标高。施工人员在测量放样时要精准定位横纵断面，只有这样才能让路基、构筑物的定位以及几何尺寸都符合设计要求。此外，为了避免造成损失，施工人员在施工前应充分了解地下管线，并与相关部门进行沟通，以免破坏地下管线。

（三）挖方施工

挖方是市政道路路基施工的重要环节，其直接影响路基结构的稳定性，甚至挖方处理的规范性会影响整个市政道路工程的质量。就实际情况而言，当前市政道路路基施工作业的地理条件比较复杂，导致路基挖方施工受到的影响因素众多，这也使得挖方施工存在一定的风险。因此，施工单位在进行挖方作业时要遵循相关的规定与标准。首先，在施工前，施工人员将施工现场的积水以及杂物处理干净。然后，施工人员通过实验技术对挖方所处的环境进行检测，并根据检测结果对施工方案进行调整与改进。在通常情况下，挖方施工都是遵循从上向下分层开挖的原则。但在实际施工时，施工人员需要结合实际情况对施工方案及机械设备进行调整。挖方作业以机械为主，人工为辅，这样既能保证施工作业的高效性，又能增强挖方作业的规范性。路基挖方施工中比较常见的作业形式有横挖、纵挖及混合挖，每种作业形式适合的路基环境有所不同。施工人员需要结合施工现场的实际情况，选择合适的挖方作业形式。此外，在挖方施工过程中，施工单位还要充分考虑排水问题，将路基含水量控制在标准范围内。

（四）填方施工

市政道路路基工程施工主要通过挖掘土层使其形成可以铺垫路基材料的

空间，这就要求施工人员在施工时对土层结构进行相应的处理。路基土层是进行路基施工的前提，施工人员必须对路基施工环境中的地质以及土壤结构有全面的了解。考虑到路基施工特点，结合实际情况对路基土层进行科学处理不仅可以保证路基的稳定性，还可以增强路基的强度。在路基填方前，路基基底必须干净、平整。路基基底如果存在杂质，就会对路基填方的质量造成影响。填方材料作为路基基底的填充物，通常由推土机推平。在选择路基基底填方材料时，不仅要满足路基坚实、耐用的要求，而且要考虑其抗渗防水性。另外，在市政道路路基填方施工时，施工人员还要对施工方案中的各种参数进行核对，以保证填方施工能够达到设计要求。

（五）压实施工

在通常情况下，路基压实基本上都是采用机械碾压。机械碾压不仅可以保证路基的压实度，而且可以保证路基的平整度。市政道路路基压实应遵循先两边后中间的顺序，这样更容易形成路拱，同时也要注意先轻后重。另外，在碾压弯道时，要按照从低侧向高侧的顺序，这样有助于形成单向超高横坡。每次碾压都要保证其完整性，即两次碾压的轮迹要重叠 20 cm 以上。在路基压实施工前，相关人员要对碾压机械进行检查，保证机械在工作过程中能够保持匀速行驶，避免出现突然加速或停机等情况。若出现上述情况，就会出现碾压不均或下沉的问题，进而影响市政道路路基施工质量。另外，路基压实要分层进行，并保证每层填料的一致性。为了保证压实度达到设计标准，施工人员还可以针对不同的土质进行击实试验，依据试验数据进行施工，从而保证路基压实度。此外，在压实施工时，相关人员要对每层压实度进行检查，只有达到设计标准才可进行下层填料。

三、市政道路路基工程施工质量控制措施

由于路基是市政道路工程的基础，路基工程质量在很大程度上会影响整个市政道路工程的质量，因此施工单位在选择合适的施工技术的同时，也要做好施工质量控制。市政道路路基工程施工质量控制可以从以下四个方面进行：

（一）优化路基设计

设计方案不仅是市政道路路基工程施工的前提，也是保证路基工程施工质量的基础。因此，设计人员在进行市政道路路基工程施工方案设计时，必须熟练掌握各种技术规范、标准，并对施工现场进行相应的勘查，只有这样才能保证施工方案的可行性与科学性。

（二）做好物料管控工作

施工材料在一定程度上决定了路基工程施工质量。因此，施工单位在施工前要依据施工设计图纸选择符合要求的各种原材料，同时也要对材料质量进行全面控制。另外，机械设备也在市政道路路基施工中发挥着重要的作用。因此，施工单位要根据施工要求选择合适的机械设备，并在机械设备进入现场前检查其型号与性能。在施工过程中，施工单位要安排专业人员对机械设备进行定期检修，以保证机械设备在施工期间正常运转。

（三）做好现场监督

市政道路路基施工环境比较复杂，可能潜藏着诸多安全隐患。因此，施工单位在施工期间应坚持以管控质量为导向，落实现场监督工作。一方面，施工单位要对施工现场进行全面了解，分析可能潜藏的施工风险，并制定应对措施；另一方面，施工单位要建立现场监督机制，落实岗位职责，充分发挥现场监督

人员的作用，从而实现对施工现场的全面监督与检测。

（四）重视施工人员培训

施工人员是市政路基工程的施工主体，其专业素质直接影响施工作业质量。为了保证市政道路路基工程施工的规范性，施工单位必须重视施工人员培训，提高施工人员的专业能力，避免其违规操作行为，保证市政道路路基工程施工严格按照施工流程进行。

总而言之，若想保证市政道路路基工程质量，就要从施工技术入手。施工单位必须对路基工程施工技术有全面的掌握，并对施工技术进行创新与优化，只有这样才能保证市政道路路基工程质量的稳定性，进而满足城市发展对市政道路工程建设的要求。

第二节　降噪排水沥青路面施工

随着我国经济社会的快速发展，汽车保有量的逐年攀升，城市道路的交通噪声和路面水毁问题日益严重。交通噪声不仅影响城市居民的生活质量，还可能导致交通事故的发生。而路面水毁问题则会影响车辆行驶的稳定性和安全性，给人们的出行带来不便。因此，研究降噪排水沥青路面施工技术具有重要的现实意义。目前，国内外在降噪排水沥青路面研究方面取得了一定的成果。国外研究主要集中在沥青混合料的改性、路面结构设计和施工工艺等方面，我国的研究则主要集中在沥青混合料的性能改善、路面结构优化和降噪排水性能评价等方面。现有的研究仍存在一定的不足，需要进一步深入的研究。

一、降噪排水沥青路面功能特性

雨天对行车安全的影响主要有：道路表面会形成一层很薄的水膜，其会填充道路表面的空隙，减少车辆轮胎与路面之间的摩擦，导致车辆打滑等现象；城市道路车辆密集，跟车现象明显，前车在行进过程中会在道路表面溅水起雾，对后车的能见度产生不利影响，很容易引发追尾、碰撞事故；尤其是在夜间，灯光在路表面容易发生镜面反射，进而产生眩光现象，严重影响驾驶员视线。由此可见，抗滑性能以及能见度的降低等不利影响都会降低行车安全性。

随着城市建设的快速发展，居住区与城市主干路之间的距离越来越近，居民对居住环境舒适性的要求日渐提高，而且私家车的数量也越来越多。综合各方面的因素，交通噪声对居民的居住环境产生了一定程度的不利影响。目前，城市道路在靠近居民区的地方设置了声屏障等隔音设施，但其隔音效果具有一定的局限性。采用降噪排水沥青路面，可以从根源上减少噪声，对于减少城市道路噪声污染具有重要价值。

排水降噪沥青路面的功能特性如下：

交通噪声主要是由车辆轮胎与道路路面之间空气的抽空和压缩导致的。降噪排水沥青路面的多孔隙结构能够吸收车辆轮胎与路面之间产生的气流，为空气的抽空和压缩提供消散通道，因而能显著降低交通噪声，进而减少城市的噪声污染。

另外，降噪排水沥青路面孔隙率较大，可以将雨水迅速地排出路表，减少路面水膜的产生，提高车辆轮胎与路面之间的摩擦力，减少水漂、溅水等现象，进而提高雨天行车的能见度和抗滑性。相关调查显示，对于多交叉路口的城市道路，该路面可将雨天车辆事故率降低 80%。

二、混合料的拌制、运输和摊铺

（一）拌制

排水路面功能与性能的平衡点是配合比的参考标准，而沥青混合料的拌制是得到优质混合料的关键。在一般情况下，混合料拌制的关键主要是控制集料组成、沥青用量以及温度系统的稳定。

（1）集料组成

集料通常由粗集料、细集料、沥青、添加剂等组成，它们作为混合料的骨架，承受着主要的力学作用。集料的类型、粒径和级配都会影响混合料的性能。例如，不同粒径的集料对沥青用量的影响不同，一般来说，表面开裂、表面粗糙、孔隙率较大的集料需要增加沥青用量。同时，混合料的稳定性要求越高，需要的沥青用量也就越大。因此，在选择集料时，需要充分考虑其物理性质和化学性质，以确保混合料的稳定性和耐久性。

（2）沥青用量

沥青的主要作用是填充集料间的空隙，形成黏结力，使混合料成为一个整体。沥青用量的多少会直接影响混合料的性能，如抗滑性、耐磨性、抗水损害性能等。沥青用量的计算通常使用重量百分比表示，具体方法为沥青重量除以总重量（包括沥青重量、矿料重量以及任何添加剂的重量），再乘 100%。此外，沥青用量的确定还需要考虑拌和设备、集料类型和粒径等因素。

（3）温度系统

集料、沥青以及拌和料的出料温度都应当满足排水降噪沥青混合料的拌和要求，且温度应均匀稳定，须确保冷料含水状态均匀一致以及温度参数稳定，发现异常情况及时进行调整；在开工前应先不加沥青，当热料稳定并达到相关要求后再进行沥青的拌和。

（二）运输

降噪排水沥青混合料为间断级配，散热更快，沥青膜更厚，在运输过程中更应注重混合料的保温效果。若用苫布、棉被等材料覆盖，可比不覆盖的混合料有 3℃左右的保温效果；也可采用大吨位的运输车、加温车厢等进行运输，并做好运输与摊铺之间的衔接工作。

在运输过程中很容易发生粗集料和细集料的离析、沥青析漏等现象，从而严重影响混合料的性能。因此，在装卸时一般选择分堆装卸方式。在运输时，应尽量选择平坦的路况，减少“抖车”现象的发生。在卸料过程中，也应避免撞击摊铺机。

（三）摊铺

由于降噪排水沥青路面粗集料含量多、空隙率大、散热快，更易出现离析等问题，因此应更加注重摊铺的连续性和均匀性，摊铺过程应缓慢、不间断，不随意变换速度和中途停顿，尽量减少接缝等环节，进而提高摊铺平整度，减少混合料离析。由于该路面结构主要通过路面体内部进行横向排水，空隙率对于排水效果有着重要的影响，尤其是同幅路面，若外侧空隙率小于内侧空隙率，则很容易将积水留在路面内部，对路面功能的发挥有着非常不利的影响，因此在摊铺过程中须严格控制相关施工工序。

三、混合料碾压

碾压是降噪排水沥青路面施工中最重要的步骤，若碾压次数过多或重量过重，则可能引起粗集料嵌挤界面的破碎，进而导致骨架结构失稳；若碾压次数过少或重量过轻，则会引起空隙率过大、结构强度不足，进而影响路面的耐久性。碾压机具的组合、碾压遍数的确定、碾压温度的控制等都对混合料的压实效果影响显著。

由于沥青混合料温度的可变因素较多，出料、运输、摊铺等过程均会影响温度的稳定性，且同样受外界温度、天气状况等客观因素的不利影响，因此应重点考虑温度对压实效果的影响。为分析不同温度对压实效果的影响，相关研究人员使用 PAC13 混合料进行马歇尔击实试验，得出 5 种温度下的马歇尔击实试验结果，如表 1-1 所示。

表 1-1　不同温度下马歇尔击实试验结果

装料温度/℃	空隙率/%	密度/（$g \cdot cm^{-3}$）	马歇尔强度/kN
150	20.87	2.132	7.21
155	20.96	2.137	8.32
160	19.95	2.162	8.62
165	19.46	2.179	8.67
170	19.35	2.184	7.43

由表 1-1 可知：5 ℃的温差对混合料的空隙率以及密度都有着显著影响，在击实功率相同的情况下，随着温度的升高，空隙率递减，密度递增，但温度过高会导致能耗增加和沥青老化，因此必须严格控制碾压温度。在适宜温度附近（165 ℃），马歇尔强度较大，表明排水降噪沥青混合料在 165 ℃左右时碾压效果较好。在实际施工中，除应满足相关规范的各项要求外，还要严格确定机具组合、碾压遍数等相关施工工艺。

降噪排水沥青路面对于提高城市道路的行车安全性、降低交通噪声等方面具有重要的意义。本节以降噪排水沥青路面为对象，分析了其降噪、排水方面的功能特性，并对其施工过程中的拌制、运输、摊铺以及碾压等施工工艺中的要点进行了分析。

第三节　市政道路改造加铺工程施工

随着我国经济的快速发展，城市化进程不断加快，交通需求日益增加。道路作为城市交通系统的骨架，其状况直接关系到城市的运行效率和居民的生活质量。然而，现有道路设施面临着严峻的挑战，如路面老化、承载能力下降等问题。为了缓解这些问题，相关单位一般会对现有道路进行改造加铺，从而有效提升道路的通行能力，延长道路的使用寿命，并改善行车舒适性。因此，研究道路改造加铺工程施工技术具有重要的现实意义。目前，国内外在道路改造加铺工程方面已经取得了一定的研究成果。在施工技术方面，主要包括沥青混凝土加铺、水泥混凝土加铺、橡胶沥青加铺等。此外，还有针对不同气候、交通条件下的道路改造加铺技术研究。然而，现有研究多集中于施工方法和技术指标，对于施工过程中的质量控制、安全防护、环境保护等方面关注不足。因此，本节旨在系统探讨道路改造加铺工程施工，以期为实际工程提供有益的参考。

一、道路改造加铺工程的概念

道路改造加铺工程是指对既有道路进行改造和升级，通过加铺新的路面材料来提高道路的通行能力、改善行车安全性以及优化交通环境。这类工程通常涉及对旧有路面的修复、加固以及新材料的铺设等多个环节。在进行道路改造加铺工程前，首先要对原有道路进行全面的评估，了解其结构状况、承载能力以及存在的问题；然后，根据评估结果和设计要求，制订相应的施工方案和计划，确定加铺材料的种类、厚度以及铺设方式等。在施工过程中，要严格控制施工质量，确保每一步操作都符合规范要求。这包括材料的选择、配比、铺设厚度以及压实度等方面的控制。同时，还需要注意对交通的影响，采取适当的交通管制措施，确保施工期间的道路交通安全。在完成道路改造加铺工程后，要进行验收和检测，确保改造效果达到预期目标。这包括对路面的平整度、防滑性、耐磨性等性能进行检测和评估。如果存在问题，要及时进行修复和处理。总的来说，道路改造加铺工程是一项复杂的系统工程，需要综合考虑多个因素，包括道路状况、交通需求、材料以及施工条件等。通过科学的设计和施工，道路改造加铺工程可以有效地提升道路的使用性能和安全性，为人们的出行提供更加便捷和舒适的环境。

二、道路改造加铺工程的意义

（一）提高道路通行能力和服务水平

道路改造加铺工程对于提高道路的通行能力和服务水平具有重要意义。对现有道路进行改造和加铺，可以提高道路的平整度、抗滑性能和承载能力，从而满足不断增长的交通需求，在缓解交通拥堵、提高道路通行效率等方面发挥着重要作用。

（二）延长道路使用寿命

道路改造加铺工程有助于延长道路的使用寿命。对旧路面进行处理和加铺，可以防治道路病害，提高路面结构层的整体性能，减少道路的维修养护成本。加铺后的路面往往具有更好的耐磨性、抗裂性和抗渗性，能延长道路的使用寿命。

（三）提高道路安全性能

道路改造加铺工程可以提高道路的安全性能。对道路进行改造和加铺，可以改善路面的抗滑性能，进而降低交通事故发生的概率。同时，道路改造加铺工程还可以完善道路的交通安全设施，如标线、护栏等，进一步提升道路的安全性能。

（四）促进城市交通可持续发展

道路改造加铺工程有助于促进城市交通的可持续发展。通过优化城市道路网络结构，提高道路通行能力和服务水平，可以拓展城市的空间结构，推动出行方式的转变。此外，道路改造加铺工程还可以减少道路交通事故，缓解交通拥堵，从而促进城市交通的可持续发展。

（五）提升城市形象和品质

良好的道路条件是城市形象和品质的重要体现。道路改造加铺工程可以提升城市道路的景观效果，改善城市交通环境，提高城市的整体品质。同时，改造后的道路还具有更好的承载能力和抗病害性能，能为城市的快速发展提供有力支持。

（六）推动我国道路工程技术的发展

道路改造加铺工程是道路工程技术不断发展和创新的结果。在工程实践中，我国道路工程技术不断吸收国内外先进理念和技术，如软基路段改造技术、旧路综合评价方法等。这些技术、方法的应用和推广有助于推动我国道路工程技术的发展和进步。

道路改造加铺工程对于提高道路通行能力和服务水平、延长道路使用寿命、提高道路安全性能、促进城市交通可持续发展、提升城市形象和品质以及推动我国道路工程技术的发展具有重要意义。随着我国城市化进程的不断推进，道路改造加铺工程将发挥越来越重要的作用。

三、道路改造加铺工程概述

（一）旧路检测与评价的方法

1.路面状况评估

路面状况评估是旧路检测的基础工作，主要包括路面损坏状况、路面平整度、路面承载力等方面的评价。路面状况评估的方法有视觉检测、路面损坏调查、路面平整度测量、承载力试验等。这些方法可相互补充，共同为旧路改造提供准确的数据支持。

2.路面结构分析

对旧路路面结构进行分析，可以为加铺工程提供科学依据。路面结构分析的方法包括钻芯取样、地质雷达探测、地震波探测等。这些方法可以有效识别路面的结构层厚度、材料类型、层间结合状况等，为改造方案的制定提供重要参考。

3.材料性能检测

材料性能检测是评价旧路面材料性能的关键环节。路面材料性能主要包括路面基层和面层材料的力学性能、抗渗性能、耐久性能等。材料性能检测的方法有室内试验、现场试验等。材料性能检测可以为选择合适的改造材料和施工工艺提供依据。

4.交通负荷调查

交通负荷调查是评估旧路交通状况的重要手段。调查内容包括交通量、轴载、车速、路面磨损等。交通负荷调查可以为加铺工程提供交通需求和负荷数据，以确保改造后路面的使用性能和使用寿命。

在道路改造加铺工程中，旧路检测与评价方法对于工程质量和效益具有重要意义。科学、全面的检测评价，可以为工程设计、施工和管理提供有力支持，确保改造工程的成功实施。

（二）道路改造加铺工程设计的原则与标准

1.道路改造加铺工程设计的原则

（1）功能性原则

在进行道路改造加铺工程设计时，应充分考虑道路的功能需求，包括交通流量、车速、行车安全等。在设计时要确保道路的通行能力，合理设置车道数量、宽度及交通标志、信号设施等，以满足不同类型车辆和行人的需求。

（2）安全性原则

在道路改造加铺工程设计中，安全性原则至关重要。在设计时要充分考虑道路的抗滑性能、路缘石高度、道路横坡等因素，确保行车的安全性。此外，还要注意道路的照明设计，提高夜间行驶的安全性。

（3）环保性原则

道路改造加铺工程设计应遵循环保原则，减少对环境的影响。在材料选择、施工方法等方面，道路改造加铺工程应尽量采用环保型材料和绿色施工技术，减少噪声、粉尘等污染物的产生，保护周边的生态环境。

（4）美观性原则

在道路改造加铺工程设计中，美观性原则也不容忽视。在设计时要注重道路与周边环境的协调，合理选择道路色彩，不能忽视绿化带设计，使道路具有较高的美观性。此外，还要注重道路景观设计，提升城市道路的品质。

（5）经济性原则

在保证道路功能、安全、环保和美观的前提下，道路改造加铺工程设计应力求经济合理。在材料选择、施工方法等方面，要充分考虑成本效益，确保在合理投资范围内实现优质工程。

（6）可持续性原则

道路改造加铺工程设计应具备一定的可持续性，以适应城市发展的需要。在设计时要充分考虑道路的承载能力、耐久性等因素，确保道路在长期使用过程中仍能满足功能和安全要求。

道路改造加铺工程设计应遵循功能性、安全性、环保性、美观性、经济性和可持续性等原则。只有这样，才能设计出既满足现实需求，又具有发展潜力的道路改造加铺工程。

2.道路改造加铺工程设计的标准

在进行道路改造加铺工程设计时，需要遵循一定的标准以确保道路的使用寿命、安全性和舒适性。

（1）材料选择

在道路改造加铺工程中，材料的选择至关重要。常用的加铺材料包括沥青混凝土、水泥混凝土、碎石等。沥青混凝土具有较好的耐磨性能、抗裂性能和防水性能，适用于各类道路的加铺。水泥混凝土则适用于较繁忙的道路，具有较高的强度和耐久性。碎石加铺适用于轻载道路，具有良好的排水性能。材料的选择应根据道路的使用需求、交通量、地质条件等因素进行综合考虑。

（2）设计要求

道路改造加铺工程设计的要求主要包括以下几个方面：

第一，加铺层的厚度：道路改造加铺工程应根据道路使用需求、交通量等因素，确定合适的加铺层厚度。一般来说，沥青混凝土加铺层的厚度应在 50 mm 以上，水泥混凝土加铺层厚度应在 30 mm 以上。

第二，加铺层结构：道路改造加铺工程的加铺层结构应满足道路承载力要求。为此，道路改造加铺工程通常采用多层次结构，如基层、中层和面层。基层为承载层，中层为填充层，面层为表面层。

第三，排水设计：为确保道路排水性能，道路改造加铺工程应设计合理的排水系统，包括排水沟、雨水井等设施。

第四，交通标线设计：道路改造加铺工程应根据道路宽度、交通量等因素，设计合适的交通标线，包括车道线、停车线、导向箭头等。

（3）施工技术

道路改造加铺工程设计对施工技术方面的要求包括：

第一，基层处理：基层表面应平整、干燥，无油污、浮土等。处理方法包括清扫、洒水、涂刷界面剂等。

第二，材料拌和：确保拌和材料的质量，严格按照设计要求进行配合比设计。

第三，加铺施工：采用分层施工法，依次完成基层、中层和面层的施工。在每层施工后，应进行充分压实，以确保层间结合牢固。

第四，排水系统施工：确保排水系统施工质量，严格按照设计要求进行。

（4）质量验收

道路改造加铺工程设计对质量验收方面的要求主要包括：

第一，外观检查：检查加铺层表面是否平整、无裂缝、鼓包等现象。

第二，厚度检查：采用钻芯取样法，对加铺层的厚度进行检测。

第三，压实度检查：采用密度计、贯入仪等设备，对加铺层的压实度进行检测。

第四，排水系统检查：检查排水系统设施是否完好、排水是否畅通。

通过以上详细的道路改造加铺工程设计标准，可以确保道路改造加铺工程的质量，提高道路的使用寿命和安全性。在实际工程中，设计人员应根据具体条件，灵活运用设计标准，做到科学合理、经济适用。

四、道路改造加铺工程的材料

（一）沥青混合料的基本性质与分类

沥青混合料是道路工程中常用的一种建筑材料，它由沥青、矿质骨料、填料和添加剂等组成。在道路改造加铺工程中，沥青混合料的选择与应用对于道路的使用寿命、性能和美观度具有重大影响。

1.沥青混合料的基本性质

（1）力学性能

沥青混合料具有较好的抗压、抗剪、抗拉等力学性能，能够承受车辆荷载的作用。

（2）耐久性能

沥青混合料在长时间的使用过程中要有较好的耐久性，以抵抗水分、紫外线、温度变化等环境因素的影响。

（3）抗渗性能

沥青混合料需要具备一定的抗渗性能，防止水分渗透导致基层材料损害。

（4）耐磨性能

沥青混合料表面应具有一定的耐磨性，以保证道路在使用过程中不易磨损。

2.沥青混合料的分类

根据沥青混合料的用途、矿质骨料类型和沥青类型，沥青混合料可分为以下几类：

（1）密级配沥青混凝土

这类沥青混合料采用连续级配的矿质骨料，矿料间隙率较小，适用于高速公路、机场等要求较高的道路。

（2）沥青稳定碎石

这类沥青混合料采用间断级配的矿质骨料，矿料间隙率较大，适用于较低要求的乡村道路等。

（3）改性沥青混合料

在普通沥青混合料中加入改性剂，可以提高沥青混合料的性能。改性沥青混合料适用于要求较高的道路。

（4）彩色沥青混合料

在沥青混合料中加入染色剂，可以使沥青呈现出彩色。彩色沥青混合料适用于景观道路、停车场等场所。

在道路改造加铺工程中，根据实际需求选择合适的沥青混合料类型，可以有效提高道路的使用性能和寿命。此外，须注重沥青混合料的配合比设计，确保其在实际应用中具有良好的性能表现。

（二）改性沥青混合料及其特性

1.改性沥青混合料概述

改性沥青混合料是一种较为新型的道路建筑材料，通过在沥青中添加一定比例的改性剂，使沥青的性能得到显著提高。改性沥青混合料具有优异的抗高温稳定性、抗低温性、抗疲劳性和耐水性等特点，广泛应用于高速公路、城市道路、桥梁等道路的改造加铺工程。

2.改性沥青混合料的特性

（1）抗高温稳定性

改性沥青混合料中的高分子聚合物能够提高沥青的软化点，增加沥青的黏度，从而使混合料在高温条件下具有较好的稳定性，减少车辙、推移等病害的发生。

（2）抗低温性

改性沥青混合料中的高分子聚合物可以改善沥青的低温延展性，降低沥青的脆性转变温度，使混合料在低温条件下具有较好的抗裂性。

（3）抗疲劳性

高分子聚合物能够增加沥青混合料的韧性，增强其抗疲劳性。在车辆反复荷载的作用下，改性沥青混合料表现出较低的疲劳损伤累积速度，可以延长路面的使用寿命。

（4）耐水性

改性沥青混合料中的高分子聚合物可以增强沥青的憎水性，使混合料在潮湿环境下具有较好的耐水性，降低水损害对路面的影响。

3.改性沥青混合料的配合比设计

改性沥青混合料的配合比设计是关键环节，直接影响到混合料的路用性能。在设计过程中，要充分考虑改性剂的类型、比例、添加方式等因素，以及混合料的级配、油石比等参数。人们通常采用马歇尔试验、路用性能试验等方法来评价混合料的性能，并根据试验结果调整配合比。

4.改性沥青混合料的施工技术

改性沥青混合料的施工技术要求较高，为确保混合料性能的充分发挥，需要严格控制施工温度、速度、压实度。在施工过程中，应注意混合料的拌和均匀性、摊铺速度和厚度、碾压顺序及密度等，以保证路面质量和使用寿命。

改性沥青混合料具有优异的路用性能，是道路改造加铺工程的理想材料。在实际工程中，应根据项目特点和需求，合理设计配合比和施工技术，确保改性沥青混合料性能的充分发挥。

（三）水泥混凝土及其特性

1.水泥混凝土的定义与分类

水泥混凝土是一种由水泥、砂、石、水以及必要的添加剂组成的复合材料。根据不同的分类标准，水泥混凝土可以分为多种类型，如按水泥种类可分为硅酸盐水泥、普通硅酸盐水泥混凝土、矿渣硅酸盐水泥混凝土等；按强度等级可分为特强度混凝土、高强度混凝土、中强度混凝土和低强度混凝土；按用途可分为结构混凝土、装饰混凝土、防水混凝土等。

2.水泥混凝土的特性

（1）强度高

水泥混凝土具有较高的抗压、抗拉、抗弯等强度，能满足不同工程结构的要求。

（2）耐久性好

水泥混凝土在合理的设计和施工条件下，能承受长时间的风吹、雨打、日晒等自然环境作用，以及车辆荷载等交通作用，具有较好的耐久性。

（3）抗渗性

水泥混凝土具有较好的抗渗性，能有效防止水分、化学物质等侵入混凝土内部，从而提高结构的耐久性。

（4）抗冻性

水泥混凝土在低温条件下，具有较好的抗冻性，能承受反复冻融作用而不被破坏。

（5）施工方便

水泥混凝土拌和物具有良好的工作性，便于施工操作，如浇筑、振实、养护等。

（6）适应性广

水泥混凝土可根据工程需要，调整配合比、改变水泥种类和添加外加剂等，以满足不同用途和环境条件的要求。

3.水泥混凝土在道路改造加铺工程中的应用

（1）路面基层

水泥混凝土可用于新建道路的路面基层，具有强度高、稳定性好、耐久性佳等特点。

（2）路面面层

在旧水泥混凝土路面上加铺沥青面层时，水泥混凝土路面承受沥青面层的反射应力，可减少反射裂缝的产生。

（3）桥梁构件

水泥混凝土可用于桥梁的承台、墩身、梁等构件，具有较高的强度和良好的耐久性。

（4）交通设施

水泥混凝土可用于制作路缘石、护坡、交通安全设施等，具有较好的稳定性和耐久性。

4.水泥混凝土在道路改造加铺工程中的施工

（1）模板制作与安装

模板应具有足够的强度、良好的稳定性和耐久性，在安装时要注意其平整度和垂直度。

（2）配合比设计

根据工程要求，要合理选择水泥品种、砂石料类型和添加剂，确保混凝土的强度、抗渗性和耐久性。

（3）浇筑与振实

在浇筑过程中要注意混凝土的均匀性和流动性，在振实时要保证混凝土充分填充模板空间，消除蜂窝、麻面等质量问题。

（4）养护与防水

在混凝土浇筑后要及时进行养护，以保证水泥水化反应的进行，提高混凝土强度。在养护过程中要注意防水，防止水分蒸发过快造成混凝土表面龟裂。

（5）拆模与成品保护

在拆模时要遵循规范要求，避免对混凝土造成损伤。在成品保护时要防止混凝土表面受到撞击、污染等影响。

通过以上分析，可以看出水泥混凝土在道路改造加铺工程中具有广泛的应用前景。为了确保工程质量，在施工过程中要重视水泥混凝土的特性，采用合理的配合比和施工技术，提高混凝土的强度，保证混凝土的抗渗性和耐久性。同时，要加强施工现场的管理和监督，确保工程安全、顺利地进行。

（四）其他常用材料

在道路改造加铺工程中，除了常用的沥青、混凝土等材料，还有其他一些加铺材料被广泛应用于不同的工程场景。下面将重点介绍道路改造加铺工程中其他常用的材料，包括碎石、橡胶颗粒、改性聚合物、绿色环保材料、复合材料等。

1.碎石

碎石加铺层具有良好的抗压性能、抗磨损性能和抗冲击性能，适用于重载道路、停车场等场所。碎石材料可分为粗碎石、中碎石和细碎石，应根据道路设计要求和承载能力选择合适的碎石规格。在我国，道路改造加铺工程常用的碎石材料包括花岗岩碎石、玄武岩碎石等。

2.橡胶颗粒

橡胶颗粒加铺层具有优良的抗滑性能、减震性能和耐磨性能，适用于高速公路、城市干道等道路。橡胶颗粒材料可以采用废旧轮胎加工制成，具有循环利用、环保等特点。橡胶颗粒加铺层能够有效降低道路噪声，提高行车安全性。

3.改性聚合物

改性聚合物加铺层具有较高的强度、韧性和耐磨性，适用于轻载道路、人行道等场所。改性聚合物材料主要包括改性沥青、聚氨酯、环氧树脂等。这类材料在道路改造加铺工程中具有较好的应用前景，有望替代沥青、混凝土。

4.绿色环保材料

随着环保意识的不断增强，绿色环保材料在道路改造加铺工程中越来越受到关注，如再生沥青、再生混凝土等，这些材料具有节能减排、循环利用等特点。绿色环保材料的应用有利于提高道路改造加铺工程的可持续发展水平。

5.复合材料

复合材料加铺层具有优异的性能，如抗压强度高、抗磨损性能及抗冲击性能佳等。复合材料主要包括纤维增强复合材料、玻璃钢等。复合材料加铺层适用于桥梁、高速公路等重要工程。

其他道路改造加铺工程常用材料在道路改造中具有广泛的应用。根据不同场景和要求，选择合适的加铺材料，可以提高道路的使用寿命、安全性和环保性能。未来，随着新材料技术的不断发展，更多高性能、环保的道路改造加铺材料将不断涌现，为我国道路改造事业提供有力支持。

五、道路改造加铺工程施工技术

（一）施工前的准备工作

在进行道路改造加铺工程施工前，需要做好充分的准备工作，以确保工程的顺利进行和高质量完成。施工前准备工作的具体内容如下：

1.设计

在进行道路改造加铺工程施工前，首先要进行项目的设计。设计单位应根据工程所在地的人文、地理、气候、交通等条件，以及工程需求，制定合理的设计方案。设计方案应遵循相关技术规范和标准，如《公路工程技术标准》（JTG B01—2014）、《公路路线设计规范》（JTG D20—2017）等。设计单位应充分考虑道路的等级、速度、路基宽度、路面类型等因素，以确保设计的合理性和科学性。

2.施工图纸的编制和施工方案的制定

在进行道路改造加铺工程施工前，应根据设计方案，编制详细的施工图纸，包括道路平面布置图、纵断面图、横断面图、结构图等。施工图纸应清晰、准确地反映出道路改造加铺工程的具体内容，为施工提供依据。同时，应依据施工图纸，制定施工方案，明确施工任务、施工顺序、施工方法、施工工艺等。

3.施工组织与管理

在进行道路改造加铺工程施工前，应成立项目施工组织管理机构，明确各部门和人员的职责与分工；应组织施工人员学习施工图纸、施工方案和相关技术规范，使施工人员熟悉施工过程中的关键技术要求。此外，还要加强施工现场的管理，确保施工安全、施工质量和施工进度。

4.材料、设备及人员准备

在进行道路改造加铺工程施工前，应采购施工所需的各类材料，如沥青、碎石、水泥等，并确保材料的质量符合设计要求和相关标准；应选择性能优良的施工设备，如摊铺机、压路机、拌和机等，并对设备进行检修、保养，确保设备在施工过程中正常运行；应组织施工队伍，对施工人员进行培训和技术交底，确保施工队伍具备较高的施工技能和安全生产意识。

5.施工场地的准备

在进行道路改造加铺工程施工前，应清理施工场地，清除地表杂物，平整场地，为施工创造良好的条件；应对施工范围内的地下管线、绿化等采取保护性措施，确保施工不影响其他设施的正常运行；还应做好施工场地的排水工作，防止雨水对施工进度和质量造成影响。

6.施工许可及交底

在进行道路改造加铺工程施工前，应办理施工许可手续，在取得施工许可证后，方可进行施工；应组织设计、监理、施工等相关单位进行施工交底，明确各方职责，确保施工过程中各环节的顺利衔接。

在道路改造加铺工程施工前，做好充分的准备工作至关重要。为此，应通过制定合理的施工方案、加强组织与管理、完善施工场地以及办理施工许可等环节，为施工的顺利进行和工程的高质量完成奠定基础。

（二）破损道路的修复与加固

1.破损道路评估与诊断

（1）破损类型与程度分析

在道路的长期使用过程中，受到各种因素的影响，道路会逐渐出现破损。这些破损不仅影响道路的正常使用，还可能对行车安全构成威胁。因此，对破损道路进行评估与诊断是保证道路交通安全与顺畅的关键步骤。

裂缝是道路破损中最为常见的一种类型，其形成原因多样，包括温度变化、材料收缩、地基沉降等。裂缝的形态和分布特点对道路的承载能力和行车舒适性有重要影响。坑槽是由于路面材料脱落或压实不足形成的局部凹陷，其深度和面积大小直接决定了其对行车安全的影响程度。沉陷则是地基失稳或排水不畅导致的路面整体下沉，通常伴随着较大的变形和破坏。

为了更准确地评估道路破损程度，需要采用科学的量化评估方法。常见的方法包括破损面积计算、破损深度测量、破损指数计算等。通过这些方法，可以对道路的破损状况进行客观、全面的评价，为后续的修复与加固工作提供科学依据。

（2）破损原因探究

道路破损的形成是一个复杂的过程，涉及多个因素的共同作用。因此，对破损原因进行深入探究，有助于制定有针对性的修复与加固措施，从而延长道路的使用寿命，增强道路的安全性。

自然环境因素是道路破损的重要原因之一。降雨、降雪等天气条件会导致路面湿滑，降低路面的摩擦系数，增加行车风险。同时，温度变化会引起路面材料的热胀冷缩，长期作用下会导致路面裂缝的形成和扩展。此外，地下水位的变化也可能影响地基的稳定性，导致道路沉陷等问题的出现。

交通荷载因素是道路破损的另一个重要原因。重载车辆、大的交通流量等都会对路面造成磨损，加速路面的破损。特别是在交通繁忙的路段，道路破损问题往往更为突出。

道路材料的老化和施工质量问题也是导致道路破损的重要因素。路面材料在长期使用的过程中会逐渐老化、硬化，失去原有的弹性和韧性，容易出现裂缝和坑槽等问题。同时，施工质量不佳也会导致路面材料压实不足、排水不畅等问题，进一步加剧道路的破损。

通过对这些因素的综合分析，可以更准确地判断道路破损的原因和机理，为后续的修复与加固工作提供有针对性的建议和措施。

2.破损道路修复与加固技术概述

（1）破损道路修复技术分类

破损道路修复技术可分为以下两类：

第一，局部修复技术。破损道路的局部修复技术是一种针对道路局部损坏进行修复的方法，主要包括了路面修补、路面切割、路面铺设等步骤。这种技术适用于路面出现小块损坏的情况，可以有效延长道路的使用寿命，提高道路的使用效果。路面切割是局部修复技术的一个重要步骤。当路面出现严重损坏时，需要将损坏部分切割掉。切割时需要保证切割线的整齐和切割面的平整，以便于修补材料的铺设和固定。在局部修复技术中，路面修补是一项重要的内容。当路面出现小块损坏时，可以先切割然后清除损坏部分，再进行新的路面铺设。修补材料的选择非常重要，需要选择耐磨、耐压、耐候性好的材料，以确保修补后的路面能够承受车辆行驶和自然环境的影响。路面铺设是局部修复技术的最后一步，也是最关键的一步。在铺设新的路面材料时，需要保证路面的平整度和密实度，确保修补后的路面能够达到预期的使用效果。铺设材料的选择也非常重要，需要选择耐磨、耐压、耐候性好的材料，以确保修补后的路面能够承受车辆的行驶和自然环境的影响。

第二，整体加固技术。整体加固技术是一种针对道路整体损坏进行修复的方法，主要包括了路面翻新、路面加固、路面养护等步骤。这种技术适用于道路出现大面积损坏或者道路承载能力下降的情况，可以有效提高道路的使用寿命和承载能力。在整体加固技术中，路面翻新是一项重要的技术。当道路出现大面积损坏时，需要将整个路面进行翻新，包括清除旧路面、铺设新路面等步骤。路面翻新要选择适合的材料和施工方法，以确保翻新后的路面能够达到预期的使用效果。路面加固也是一种重要的整体加固技术。当道路承载能力下降时，需要对道路进行加固处理，以提高道路的承载能力和使用寿命。加固方法包括增加路面厚度、铺设加固层等，需要根据道路的具体情况进行选择。路面养护是整体加固技术的最后一种技术。道路在使用过程中，需要进行定期的养护和维护，以保证道路的使用效果和延长道路的使用寿命。养护方法包括清理路面、喷洒养护剂等，需要根据道路的具体情况进行选择。

总的来说，破损道路的修复技术包括局部修复技术和整体加固技术。局部修复技术适用于路面出现小块损坏的情况，可以有效延长道路的使用寿命，提高道路的使用效果。整体加固技术适用于道路出现大面积损坏或者道路承载能力下降的情况，可以有效延长道路的使用寿命，提高道路的承载能力。在实际修复过程中，需要根据道路的具体情况进行选择，以达到最佳的修复效果。

（2）破损道路加固技术选择原则

第一，根据破损程度与原因选择合适的修复方法。在选择加固技术时，首先要考虑道路的具体破损情况，包括破损的程度、范围以及产生的原因。例如，对于轻微的裂缝，可以采用裂缝填充技术；而对于严重坑槽，则可能需要进行坑槽修补甚至整体重铺。同时，需要考虑道路的使用功能、交通量以及未来预期的发展，以确保所选技术既经济又高效。

第二，考虑施工条件、成本及环境影响。在选择加固技术时，还应综合考虑施工条件、成本及对环境的影响。施工条件包括施工现场的交通、天气等实际情况，这些都会影响施工方案的选择。在成本方面，需要对比不同技术的经济性，选择性价比高的方案。同时，应尽量采用绿色施工技术，减少对环境的影响，如使用可回收材料、减少噪声和粉尘排放等。

3.破损道路局部修复

（1）裂缝修补

裂缝是道路病害中常见的一种。裂缝的形成主要和道路材料、荷载作用及环境因素等有关。裂缝的存在会导致道路结构强度下降，进一步影响道路的使用寿命和行车安全。因此，及时对裂缝进行修补是确保道路正常使用的必要措施。

裂缝清理是裂缝修补的基础工作，主要包括清除裂缝内的杂物、松散材料和水分等。在清理过程中，应尽量保持裂缝的原始形态，以便填充材料能够更好地与裂缝壁黏结。填充材料的选择应根据裂缝的宽度、深度和环境条件等因素进行。常用的填充材料有沥青类、聚合物类和水泥类等。其中，沥青类填充材料适用于裂缝宽度较小的情况，聚合物类填充材料适用于裂缝宽度较大且对黏结强度要求较高的情况，水泥类填充材料适用于裂缝深度较大且对耐久性要求较高的情况。

填充工艺是指将填充材料填充到裂缝中的过程。在填充时，应保证填充材料充分填充裂缝，并尽量减少气泡的产生。在填充完成后，应对填充材料进行压实，以提高填充材料的密实度和与裂缝壁的黏结强度。常用的压实工艺有手工压实、机械压实和热压等。手工压实适用于裂缝宽度较小的情况，机械压实适用于裂缝宽度较大且对压实效果要求较高的情况，热压适用于裂缝宽度较大且填充材料为沥青类的情况。

（2）坑槽修补

坑槽是道路病害中一种常见的类型，出现这种病害的主要原因是道路表面的沥青层损坏、基层或基础的不均匀沉降等。坑槽的存在会导致道路表面不平整，影响行车舒适性和安全性。

坑槽挖掘与清理是坑槽修补的基础工作，主要包括清除坑槽内的杂物、松散材料和水分等。在清理过程中，应尽量保持坑槽的原始形态，以便修补材料能够更好地与坑槽壁黏结。

修补材料应根据坑槽的深度、宽度和环境条件等因素进行选择。常用的修补材料有沥青类、聚合物类和水泥类等。其中，沥青类修补材料适用于坑槽深度较小的情况，聚合物类修补材料适用于坑槽深度较大且对黏结强度要求较高的情况，水泥类修补材料适用于坑槽深度较大且对耐久性要求较高的情况。修补材料的铺设应均匀、平整，避免出现气泡和空鼓等现象。在铺设完成后，应对修补材料进行压实，以提高修补材料的密实度以及其与坑槽壁的黏结强度。

压实工艺与裂缝修补中的压实工艺类似，应根据修补材料的特性和坑槽的尺寸选择合适的压实工艺。表面处理主要包括对修补后的路面进行平整、清洁和涂覆等处理，以延长路面的使用寿命，增强路面的行车舒适性。

4.破损道路整体加固

（1）路面加铺

在路面加铺技术中，加铺材料的选择至关重要。常见的加铺材料包括沥青混凝土、水泥混凝土以及新型复合材料等。这些材料需要具备良好的耐磨性、抗滑性、耐久性以及与原有路面的相容性。同时，加铺材料还应满足强度、稳定性和平整度等性能要求，以确保加铺后的道路能够承受交通荷载和环境因素的影响。

加铺层的设计应根据原有路面的状况、交通量、气候条件等因素进行综合考虑。在设计过程中需要确定加铺层的厚度、结构组合以及材料配比等参数。在施工前，需要做好准备工作，注重加铺材料的运输与搅拌、摊铺与压实等步骤。在施工过程中，需要严格控制施工质量，确保加铺层的平整度和密实度达到设计要求。

为了确保加铺层与原有路面的紧密结合，需要在施工前对原有路面进行必要的处理，如清洗、打磨等。同时，在加铺层的施工过程中，可以采用适当的黏结剂或界面剂来提高加铺层与原有路面的黏结强度。此外，加铺层与原有路面的协同作用也是保证道路整体性能的关键，因此需要在设计和施工过程中充分考虑两者之间的相互作用。

（2）路基加固

路基注浆加固是通过向路基中注入特定的浆料（如水泥浆、化学浆液等），填充路基中的空隙，提高路基的承载能力和稳定性。应根据路基的土质、含水量以及预期的加固效果来确定注浆材料。注浆工艺包括注浆孔的设置、注浆参数的确定以及注浆过程的监控等。路基注浆加固可以有效地减少路基沉降和变形，提高道路的整体性能。

路基换填加固是针对路基土质不良或存在严重病害而采取的一种加固措施。该方法需要将原有路基一定深度范围内的土壤挖除，并换填为强度更高、稳定性更好的材料（如碎石、砂砾等）。换填材料的选择和换填深度的确定需要根据实际情况进行综合考虑。通过路基换填加固，可以显著改善路基的承载能力和稳定性，延长道路的使用寿命。

路基排水与防护措施是确保路基稳定的重要措施。在排水方面，需要设置完善的排水系统，包括边沟、截水沟等，以迅速排除路基范围内的积水。在防护方面，可以采用植草、铺设防护网等措施，防止水土流失和冲刷对路基造成的破坏。此外，还可以采取边坡加固、设置挡土墙等措施，增强路基的稳定性。

破损道路整体加固技术涉及多个方面，需要根据实际情况选择合适的加固措施和技术手段。在实施过程中，需要严格控制施工质量，确保加固效果达到预期目标。

5.破损道路施工质量控制、评估与验收

（1）施工质量控制

在破损道路施工中，材料的质量是施工质量的基础。首先，需要选择符合国家相关标准和规定的建筑材料。对于沥青、水泥、砂石等主要材料，必须经过严格的质量检测，确保其物理和化学性质满足道路施工的要求。此外，对于施工用的钢筋、排水材料等，也必须进行严格的质量把控。材料的储存和使用也是质量控制的重要环节，须按照材料的特性对材料进行妥善储存，避免材料

受潮、受热、受冻等。在使用材料时，须严格按照设计规范，避免材料的浪费和滥用。

施工工艺和操作规范是保证施工质量的关键。施工单位应根据工程的具体情况，制定详细的施工方案和操作流程。这些方案和流程应符合国家相关标准和规定。同时，施工单位也要考虑到实际施工的便利性和效率。在施工过程中，施工单位应加强对施工人员的培训和管理，确保他们熟悉施工工艺和操作规范，并能正确、规范地施工。同时，施工单位也应定期对施工设备进行检查和维护，确保设备的正常运行。

现场监管和检测是保证施工质量的重要手段。施工单位应建立完善的现场监管体系，加强对施工现场的巡视和检查，确保施工按照设计和规范进行。同时，施工单位也应采用先进的检测和评估手段，对施工过程中的各个环节进行检测和评估。例如，可以使用雷达探测、钻芯取样等方法，对道路的厚度、强度等指标进行检测。通过这些检测，施工单位可以及时发现施工中的问题，并采取措施进行整改。

（2）评估与验收

对于破损道路的修复和加固效果，应建立科学的评估指标体系。这些指标应包括道路的厚度、强度、平整度、耐久性等方面。通过这些指标，相关单位可以全面、准确地评估道路的修复和加固效果。

验收程序和合格标准是判断施工质量的重要依据。验收程序应包括施工单位自检、监理单位验收、政府部门审批等环节。在这些环节中，施工单位应严格遵循国家和行业的相关标准。要想验收合格，道路的厚度、强度、平整度、耐久性等各项指标均应达到设计要求，同时也要满足安全和环保的要求。只有达到这些标准，道路的施工才是合格的。

（三）沥青混合料的摊铺与压实技术

1.摊铺前的准备工作

摊铺前的准备工作如下：检查沥青混合料的配合比，确保其满足设计要求；对施工人员进行技术培训，确保他们熟悉摊铺机的操作和施工流程；对摊铺机、碾压机等施工设备进行检查和维护，确保设备状态良好；清理施工场地，确保基层表面干净、无杂物。

2.沥青混合料的摊铺

沥青混合料的摊铺应注意以下几点：控制摊铺速度，确保摊铺均匀；控制沥青混合料的温度，以保证其性能稳定；在摊铺过程中，及时调整摊铺厚度，确保其符合设计要求；在摊铺过程中，尽量避免停顿，以确保沥青混合料的连续性。

3.沥青混合料的压实

压实是沥青混合料摊铺后的重要环节，合理的压实工艺可以提高道路的密实度和耐久性。为此，要采用合适的压实设备，如振动压路机、轮胎压路机等；要根据沥青混合料的性质和施工环境，确定合理的压实顺序和压实遍数；在压实过程中，要确保沥青混合料的温度符合要求，避免温度过高或过低导致压实效果不佳；在压实过程中，要注意观察沥青混合料的压实情况，及时调整压实参数，以确保压实质量。

在道路改造加铺工程中，沥青混合料的摊铺与压实至关重要。通过合理的摊铺和压实工艺，可以确保道路施工质量，延长道路的使用寿命，提高道路的性能。在实际施工过程中，应根据工程特点和环境条件，灵活运用相关技术，以实现优良的施工效果。

（四）混凝土的浇筑与养护技术

1.混凝土配合比设计

混凝土配合比设计是影响混凝土性能和耐久性的重要因素。在进行配合比设计时，应充分考虑水泥用量、骨料类型、水灰比、外加剂等因素。配合比应满足强度、耐久性和工作性等方面的要求。

2.混凝土浇筑

在浇筑混凝土时，应严格按照施工规范进行操作。首先，对基层表面进行清理，确保基层干燥、平整、无油污等。然后，根据设计要求设置模板，模板应具有足够的强度、稳定性和准确性。在浇筑过程中，应采用分层浇筑法，将分层厚度控制在 20～30 cm。同时，应保证混凝土浇筑的均匀性和连续性，避免出现蜂窝、麻面等质量问题。

3.混凝土养护

混凝土养护对混凝土的质量影响很大，养护方法主要包括湿润养护、覆盖养护和温度控制。

新浇筑的混凝土表面应在浇筑完成后立即进行湿润养护，以确保混凝土表面始终处于湿润状态。湿润养护时间应不少于 7 天。

在湿润养护期间，应采用防水材料对混凝土表面进行覆盖，以防止水分蒸发。覆盖材料可选用塑料薄膜、土工布等。

在混凝土养护期间，应严格控制混凝土表面温度，避免混凝土因温度过高而产生裂缝或变形。在夏季施工时，应采取遮阳、喷水等措施降低混凝土表面温度。

4.混凝土拆模与切割

混凝土拆模应在混凝土达到设计强度的 70%左右时进行。在拆模过程中，应注意避免对混凝土表面的损伤。此外，在切割混凝土时，应采用准确的切割方法和工具，确保切割面平整、光滑，避免切割裂缝的产生。

在道路改造加铺工程中，混凝土的浇筑与养护技术至关重要。合理的配合比设计、严格的浇筑工艺、有效的养护措施以及准确的切割技术，可以确保混凝土路面的质量达到设计要求。

（五）施工质量控制与验收标准

1.施工质量控制

（1）材料质量控制

材料是道路改造加铺工程的基础，其质量直接影响工程最终的质量和耐久性。因此，对材料的质量控制是施工质量控制的首要任务。首先，应严格按照相关标准和规范选择材料，确保所采购的材料符合工程要求。在选择沥青、砂石、水泥等关键材料时，应对其进行严格的物理和化学性能测试，确保其强度、稳定性、耐磨性等指标符合设计要求。其次，应加强材料的验收和储存管理。在材料进场前，应对其进行验收，确保所购材料与样品一致。在储存过程中，应根据材料的特性，采取相应的防护措施，防止其受潮、变质或损坏。最后，应对材料的使用过程进行监控。在施工过程中，应确保所使用的材料与设计要求相符，严禁使用不合格材料。此外，应对材料的用量进行严格控制，避免浪费和偷工减料现象的发生。

（2）施工工艺控制

施工工艺控制是道路改造加铺工程施工质量控制的关键环节。在施工过程中，应严格按照设计要求和施工规范进行操作，确保各项工艺措施得到有效执行。首先，要重视施工前的准备工作。这包括对施工区域进行清理、检查原有路面的状况、确定加铺层的厚度和结构等。充分的准备工作，可以为后续的施工打下良好的基础。其次，要对关键工艺环节进行严格控制。在路面铺设过程中，应确保铺设的平整度、压实度和厚度等符合设计要求。在沥青混合料的搅拌、运输和摊铺过程中，应控制温度、时间和速度等参数，确保沥青混合料的均匀性和稳定性。最好，要加强施工过程中的质量检查和监控，定期对施工现场进行巡视和检查，及时发现和纠正施工质量问题。同时，要对关键工序进行质量检测，确保各项质量指标符合设计要求。

（3）现场管理

现场管理是道路改造加铺工程施工质量控制的重要保障。通过加强现场管理，可以有效提高施工效率和质量水平。首先，要建立健全的施工现场管理制度，明确各项管理制度和操作规程，确保施工人员能够按照规范进行操作；要加强施工现场的安全管理，确保施工人员的安全和健康。其次，要加强施工人员的培训和管理，定期对施工人员进行技能培训和安全教育，提高其施工技能，增强其安全意识；要对施工人员的工作表现进行考核和奖惩，激励其积极投入工作。最后，要加强施工现场的协调和沟通，建立良好的沟通协调机制，及时解决施工中出现的问题和困难；要加强与相关部门和单位的联系与合作，形成合力，共同推动工程的顺利进行。

2.验收标准

（1）质量验收

质量验收是道路改造加铺工程施工过程中的关键环节之一，其目的是确保工程质量符合国家相关标准和设计要求。为此，应对施工所采用的原材料、半成品和成品包括沥青、混凝土、钢筋等进行质量检验，确保其性能指标满足设计要求；对施工过程中的关键环节如沥青混合料的拌和、铺设、压实等进行质量控制，确保施工质量符合规范要求；对道路改造加铺工程的实体质量包括厚度、平整度、抗滑性能、压实度等指标进行检测，以评价工程质量是否达到设计标准。施工单位应按照相关法规和标准要求，提交验收申请报告，组织验收组进行现场检查，并对验收过程中发现的问题进行整改。

（2）安全验收

安全验收的主要内容如下：施工单位应制定施工现场安全管理规定，明确安全责任，加强施工现场的安全巡查，确保施工现场无安全隐患；施工单位应对施工人员进行安全技能培训，增强施工人员的安全意识，使施工人员掌握基本的安全知识，具备一定的应急处理能力；施工单位应对施工所使用的机械设备进行定期安全检查，确保设备安全运行，避免发生安全事故；施工单位还应制定应急预案，做到有备无患，确保施工过程的安全稳定。

（3）使用寿命验收

使用寿命验收的主要内容如下：①通过对道路改造加铺工程的实体质量检

测，评估其耐久性能，如抗疲劳性能、抗裂性能等；②根据道路的使用条件和技术要求，评估道路改造加铺工程所需的养护周期，确保道路在使用过程中的良好性能；③结合道路改造加铺工程的实际情况，运用相关理论和方法，预测道路的使用寿命，为后续养护和管理提供依据。施工单位应提交使用寿命验收报告，组织验收组进行现场检查，对验收过程中发现的问题进行整改，确保道路在使用寿命期内发挥最佳性能。

道路改造加铺工程施工质量控制与验收标准涉及多个方面，需要施工单位严格按照相关规范和要求进行操作，确保道路工程的质量和安全性。同时，相关监管部门也应加大监管力度，对不符合要求的工程进行整改或处罚。

第四节　市政道路中新材料的应用

随着我国经济社会的快速发展，交通运输行业发挥着日益重要的作用。市政道路作为交通运输的基础设施，其质量直接关系到国家经济和社会的稳定发展。然而，传统的道路材料如沥青和混凝土在耐久性、环保等方面存在一定的局限性。因此，研究新型道路材料对于提高市政道路质量、降低维护成本以及减少对环境的影响具有重要的意义。

一、应用新材料的作用

现阶段，我国已经在公共基础建设方面取得了喜人的成就。但对于公共道路来说，问题仍然存在。为了进一步提升市政道路工程的施工质量，给人们提供更好的出行体验，应从建筑材料入手，根据实际使用需求，选择恰当的新型建筑材料。

（一）节约市政道路前期施工及后期维护成本

市政道路的施工步骤十分繁杂，需要大量的时间成本和人力成本，同时，为了满足道路的实际使用需求，操作技术方面的要求也较为严苛，整体难度较大。另外，如果选用的建筑材料过于传统，或无法满足当前地区的实际使用需求，会使工程成本大幅提升。而应用新材料则可以很好地解决成本较高的问题，降低前期施工及后期维护成本。

（二）减少对周围环境的损害

市政公用工程施工对周边环境造成破坏是无法完全避免的，相比较而言，传统的沥青混合建筑材料对周边环境造成的负担较大；同时，在铺设这种材料的过程中，设备会产生较大的噪声。而新型建筑材料在这一方面有了明显改善，对周边环境造成的负担较小，且施工噪声较小，耐久性较强，减少了后期维护频率，同时也减少了石油、汽油等重污染资源的使用量，能够有效减少道路施工对环境造成的污染。

（三）控制施工进度

施工进度和施工效率也是市政道路工程中较为重要的影响因素。实践表明，道路工程进度缓慢、效率不高往往是由于建筑材料不合格、设计图纸不合理、资金筹集不顺利。更多地应用新型建筑材料，可以使管理人员对工程进度的管理更加游刃有余，有效提升施工效率。

二、新材料的应用实践

（一）沥青玛蹄脂碎石混合料的应用

沥青玛蹄脂碎石混合料具有稳定性强和耐高温等优势性能，在当前市政道路工程中具有非常高的应用价值。沥青玛蹄脂碎石混合料包含大量的粗集料，粗集料具有非常好的嵌入性能，且承载力较高。而玛蹄脂具有优良的抗车辙性能，能够保证路基建设的稳定性。沥青玛蹄脂碎石混合料的空隙率较小，水分不容易渗透，可以保证路基结构的稳定性。

（二）再生沥青混合料的应用

再生沥青混合料是近年来新兴的市政道路建设材料之一，是指将旧沥青路面经过翻挖、回收、破碎、筛分后，与再生剂、新沥青材料、新集料等按一定比例重新拌和成的混合料。沥青路面的再生利用，能够节约大量的沥青、砂石等原材料，节省工程投资，同时有利于处理废料、保护环境，因而具有显著的经济效益和社会效益、环境效益。随着近年来人们对环保、社会效益的关注，沥青路面再生利用技术越来越受到人们的重视，再生沥青混合料的应用符合我国节能、环保施工的发展趋势。

（三）微表处稀浆混合料的应用

微表处稀浆混合料作为一种新型施工材料，目前已经成功应用于城市道路的建设工作中。该材料采用合适级配的石屑、砂浆、填料以及聚合物改性乳化沥青、外渗剂等依据固定的比例配制而成。在该材料的摊铺过程中，要注意摊铺量的控制，应将摊铺厚度控制在 0.5～1 cm。该材料施工流程相对简单，可以有效节省施工时间，加快施工进度。同时，此材料不易渗水，能够有效防止路面积水进入道路内部结构以及路基中，减少沥青路面水损坏问题。此外，当路面由于受到车辙影响而受到损伤时，也可以通过微表处稀浆混合料进行路面的快速维护。

（四）聚苯乙烯泡沫的应用

聚苯乙烯泡沫是以聚苯乙烯树脂为基体，通过发泡剂和加工助剂成型的一种泡沫材料。这种材料的特点在于使用寿命较长，需要与质量较轻的路基材料共同使用。根据道路的使用需要，将聚苯乙烯泡沫材料铺在路基的表面，能够起到分散压力的作用，从而保护道路结构。

在市政道路的实际施工过程中，使用性能更佳的新型建筑材料可以有效缩短工程工期、提高施工效率、节约工程成本、提升工程质量，其优越性显而易见。针对道路容易出现的一些质量问题，施工单位必须根据实际情况，在考虑多方面因素之后，选择恰当的新型材料，并结合合适的施工方式，灵活调整施工方案，同时选择与之匹配的新型施工技术，以满足提升道路工程施工质量、保障人们安全出行的目的。

第二章　市政桥梁工程施工技术

第一节　预应力技术

预应力技术是现代桥梁工程领域中的一种先进施工技术，它通过预先施加应力，使桥梁在使用过程中承受的荷载得到有效分散，从而提高桥梁的承载能力、稳定性和耐久性。随着我国经济的快速发展，交通基础设施的需求不断增加，预应力技术在桥梁工程中的应用越来越广泛。然而，由于预应力技术具有一定的复杂性和高风险性，如何在保证施工质量的前提下提高施工效率和降低施工成本，成为当前桥梁工程领域亟待解决的问题。近年来，国内外学者在预应力技术方面进行了大量研究，取得了一系列重要成果。这些研究成果主要集中在预应力混凝土桥梁的设计理论、施工工艺、质量控制和耐久性等方面。在设计理论方面，研究者提出了多种预应力混凝土桥梁的设计方法和安全评价准则；在施工工艺方面，研究者探讨了预应力筋的张拉、锚固和混凝土浇筑等关键工艺；在质量控制方面，研究者提出了多种质量检测和控制方法；在耐久性方面，研究者针对具体的问题进行了系统的研究。

一、预应力技术的概念

预应力技术是现代桥梁工程施工中应用的常见技术，主要是指在桥梁施工中通过预应力结构提升桥梁的稳定性。为了改善结构的服役表现，在桥梁施工中预先施加外部预压应力，抵消桥梁施工后期或者服役期间更多的荷载拉应力，实现桥梁的快速良好施工，能够在很大程度上提升桥梁施工质量。预应力技术一般用于混凝土桥梁工程，通过内外压应力和拉力的平衡，能够有效地预防混凝土施工中出现裂缝问题。

二、预应力技术在市政桥梁施工中应用的要点

第一，做好工程勘察，做好预应力桥梁施工的总体方案设计，并根据施工总体方案完成预应力计算分析等工作。

第二，做好工程准备工作，包括对施工团队的组织安排。在预应力桥梁施工中，其工艺环节较为复杂，因此要对施工人员进行技术培训，确保施工顺利进行。

第三，合理准备施工材料。预应力桥梁施工技术主要包括锚杆预应力技术、钢绞线预应力技术等多种技术。在不同的预应力施工技术应用中，应该准备不同的施工材料，应根据桥梁施工要求的不同选择使用不同的锚固工艺技术以及锚固材料。另外，还要合理地选择钢绞线。低松弛预应力钢绞线在现代预应力桥梁施工中使用较为广泛，与其他钢绞线材料相比，其具有良好的性价比。

第四，按照技术环节的要求应用预应力技术。在实际的应用过程中，应通过对各项技术的有效把控，实现对桥梁工程的有效管控，确保预应力桥梁施工技术的应用更加合理，从而提升施工质量。

第二节　植筋技术

桥梁作为我国市政交通基础设施的重要组成部分，承担着连接城市、促进经济发展的重任。随着使用年限的增加和交通荷载的不断作用，许多桥梁出现了不同程度的病害，如钢筋锈蚀、混凝土剥落等。为了保证市政桥梁的安全运行，延长其使用寿命，近年来，桥梁维修加固技术得到了广泛应用。其中，植筋技术作为一种新兴的加固方法，具有施工简便、成本低廉、效果显著等优点，逐渐成为研究的热点。目前，国内外对植筋技术的研究主要集中在植筋材料的性能、植筋工艺、植筋后的力学性能等方面。在植筋材料方面，研究者主要探讨了植筋胶的黏结性能、耐久性能等；在植筋工艺方面，研究者主要探讨了植筋孔的钻孔工艺、植筋深度、植筋时间等；在力学性能方面，研究者主要研究了植筋后混凝土的抗压强度、抗弯强度、抗剪强度等。

一、植筋技术概述

（一）植筋技术的原理

植筋技术作为新兴的桥梁加固技术，得到了众多施工方的青睐。其实，该技术本质上也是一项钢筋混凝土结构加固补强技术。采用植筋技术，可以更好地对混凝土结构进行连接与锚固。在市政桥梁工程施工过程中，运用此技术主要依靠的是黏接与嵌锁的原理。对桥梁上已存在的混凝土结构进行钻孔、运用专用锚固剂等措施，可以使新增设计的钢筋与桥梁上之前存在的老旧的钢筋结构有效地连接在一起，共同受力。

（二）植筋技术的特点

第一，该技术基本不会损伤原有的钢筋结构。由于植筋技术在施工过程中不需要进行开凿、挖洞等施工，只是在原有结构的基础上进行钻孔与注胶操作，因而在很大程度上对原有结构进行了保护。

第二，该技术的造价偏低，有非常大的经济优势。由于该技术是在原有钢筋结构的基础上进行操作且操作技术较为简便，因而不会花费较多的工程费用。

第三，该技术的施工工期短。由于该技术操作简单，不需要复杂的机器设备，只需要简单的机械设备就可以在 2～3 天内完成操作，不会对其他工序的进行产生影响。

第四，该技术具有较强的可靠性以及承载力。通过查阅相关资料可知，在钢筋拉拔试验中，使用专业锚固剂埋设的钢筋，虽然在受到外力破坏时会发生较为明显的屈服变形，但是所埋钢筋与基材混凝土之间并没有产生丝毫的滑动移位。

第五，该技术具有较强的适用性。植筋技术并不会破坏原有的钢筋结构，而是在原有结构的基础上进行再加固，因此该技术可以广泛地应用于桥梁的加固及桥梁构件的施工之中，适用性较强。

二、植筋技术在市政桥梁加固过程中的应用

（一）施工准备

在运用植筋技术加固桥梁之前，施工单位要对桥梁的混凝土表面进行详细勘查，对原有的钢筋结构基础进行全面、详细的掌握。为此，施工单位可以借助专业的钢筋结构探测仪等仪器对原有的钢筋结构进行明显的标记，从而确保之后的钻孔操作不会对原有的钢筋结构基础造成较大的损害。

（二）搭设支架

搭设支架是桥梁加固工程中广泛运用的操作。为了防止在整个桥梁加固过程中产生较多的不均匀沉降，要在搭设支架时保证支架之间的距离在相关规定范围以内。为了使搭设的支架具有更好的承载混凝土的性能，可以在支架搭设完成后搭垫方木。

（三）钻孔

钻孔在植筋技术的应用过程中发挥着十分重要的作用，因此施工人员务必要十分重视这个环节。在钻孔之前，施工人员要熟悉施工图纸，然后按照施工图纸所标注的位置进行钻孔。一般情况下，要保证钻孔的位置与图纸上所标注的位置相差不能超过 2 mm。若在钻孔过程中触碰到了原先的钢筋结构，则要按照施工现场的实际状况及时进行调整。在施工过程中，一定要十分注意混凝土的松散及开裂问题，一旦发现，要立刻进行合理的处理。钻孔深度的确定也是一个十分重要的问题，设计人员应该结合施工现场的实际情况以及厂商提供的材料进行综合考虑。一般情况下，钻孔的深度是原有钢筋直径的 10 倍以上。在施工过程中，不论是钻孔位置的选择还是钻孔深度的确定，都一定要严格按照设计图纸来进行。

（四）清理孔洞

钻孔会产生大量的灰尘及杂物，这些灰尘及杂物会堵塞孔洞，因此需要及时进行清理。为此，施工人员可以借助硬毛刷等工具或者采取喷压缩空气法来清理孔洞，保证孔洞的整洁与干净，为植筋技术的安全应用提供一定的保证。

（五）注胶植筋

在注胶植筋的过程中，一定要借助磨光机、硬毛刷等工具对钢筋上的污垢、油迹等进行彻底的处理和清洁。当处理到一定的深度时，可以借助丙酮来提高清洁效果。

（六）支模

所谓支模，就是在木制的模板上均匀地涂刷变压油，然后将模板进行拼接，并将拼接的缝隙用密封条进行密封，从而防止接下来的混凝土浇筑过程中发生漏浆。如果发生了混凝土漏浆的问题，就要使用大量的混凝土进行垫圈，然后用 4 根钢管在模板的外面进行支撑，防止模板发生移位。

（七）混凝土浇筑

混凝土浇筑是植筋技术应用过程中难度较大的一个步骤，也是重要的步骤。浇筑混凝土的主要方式是人工串桶入模，同时使用插入式的振捣棒来进行混凝土的振捣操作。混凝土的浇筑还需要借助振动器，以增强混凝土的密实性。

三、植筋技术在市政桥梁加固过程中应用的注意事项

植筋技术虽已经发展得较为成熟，但在市政桥梁加固过程应用该技术中，仍有几个问题需要格外注意：①由于植筋施工的质量会受到孔距、孔位、孔深等参数的影响，因此在植筋施工过程中一定要严格参照设计图纸施工；②由于该技术选用的钢筋级别较高，在施工过程中一定要与机器配合好，必要时可以进行切割；③施工期间若钢筋长时间放置在空气中可能会产生锈蚀，因而必须采取适当方式进行保护；④在施工过程中可以适当地使用冲击钻来代替电锤，从而降低体积较小的混凝土结构在施工过程中发生剧烈振动的频率，减少振动对施工的影响。

植筋技术在市政桥梁加固工程中得到了广泛的应用，在很大程度上减少了由不可抗力因素或者功能变化导致的桥梁结构的变化，从而保障了桥梁结构的安全性能。将该技术全面引进老桥梁的翻新修缮之中，能够很好地推动旧桥改

造项目的进行。当然，植筋技术也存在着一些问题，需要工程人员在应用过程中不断地更新、优化，以使该技术在市政桥梁加固过程中发挥更大的作用，带来更显著的经济效益和社会效益。

第三节　悬臂挂篮技术

悬臂挂篮技术作为一种先进的桥梁施工技术，已在我国得到了广泛的应用。该技术具有施工速度快、质量高、安全可靠等优点，但在实际应用过程中也存在一定的安全风险。因此，对悬臂挂篮技术在市政桥梁施工中的应用进行深入研究，总结施工经验，优化施工工艺，确保施工安全，具有重要的现实意义。目前，国内外学者对悬臂挂篮技术在市政桥梁施工中的应用进行了大量研究，取得了丰硕的成果。这些研究主要集中在悬臂挂篮的设计、施工工艺、安全风险控制等方面。

一、悬臂挂篮技术的原理

悬臂挂篮技术是一种灵活多变的工艺，它可以通过简单的调整实现不同的目的。它的基本原理是将悬臂挂篮安装在支撑架上，由滑轮控制悬臂挂篮的运动轨迹。悬臂挂篮技术可以实现多种用途，比如可以用于提升和搬运工件，实现工件的精准定位、拾取和装配。悬臂挂篮技术具有较高的精度和可靠性，可以满足不同工业生产环境的需求。另外，悬臂挂篮技术还可以提高工作效率，减小劳动强度，提高工作质量。尤其是在市政桥梁施工中，采用悬臂挂篮技术能够大大节省工人的劳动量，缩短工期。因此，对于很多市政桥梁工程来说，使用悬臂挂篮技术既方便又经济，是非常有效的施工技术之一。

二、悬臂挂篮技术在市政桥梁施工中的应用

（一）挂篮的制作与安装

挂篮是一种用于桥梁施工的重要工具，它能够在桥梁施工中提供良好的工作空间。挂篮的制作和安装是桥梁施工的重要环节。挂篮的制作主要是制作结构框架，主要材料包括钢管、螺栓和螺母。在制作结构框架时，需要考虑各个部分的强度、刚度和稳定性，以确保挂篮的安全使用。挂篮的安装需要考虑桥梁梁面上的悬臂挂篮结构，确定挂篮的安装位置，然后将挂篮固定在桥梁上。在安装过程中，要注意挂篮的固定程度，以及挂篮结构与桥梁梁面的间距，以确保悬臂挂篮的安装质量和使用效果。

（二）挂篮预压试验

挂篮预压试验是一种有效的确定桥梁结构的安全性能的方法。它可以通过模拟桥梁的构造状况，测试桥梁构件的变形和承载能力，确定桥梁的安全性能。在挂篮预压试验过程中，应采用安全可靠的悬臂挂篮设备，通过数据采集系统进行实时监测。在试验过程中，应设置适当的安全系数，以确保试验安全可靠。挂篮预压试验的结果可以作为桥梁结构的设计依据，为桥梁的施工、运营和维护提供重要的技术支持。此外，挂篮预压试验的结果也可以为桥梁施工过程中的技术控制提供依据，保证桥梁结构安全可靠。

（三）悬臂挂篮施工注意事项

悬臂挂篮施工需要技术操作，这意味着施工人员需要具备丰富的施工经验，并具有良好的安全意识。悬臂挂篮施工须根据施工计划进行安排，以确保

施工质量和施工效率。悬臂挂篮施工要按照相关规定组织施工人员，并定期进行安全检查，确保施工现场安全有序。另外，施工现场应该有专门的安全人员，并应采取有效的措施，防止发生安全事故。在施工过程中，施工人员需要熟悉各种施工设备，定期进行设备维护，确保它们都能正常工作。

三、悬臂挂篮技术在市政桥梁施工中应用的问题

（一）悬臂挂篮施工安全性问题

悬臂挂篮施工安全性问题是一个不容忽视的问题。在桥梁施工过程中，悬臂挂篮施工的安全性非常重要，因此有必要对其进行深入研究。首先，在悬臂挂篮施工过程中，要严格按照施工安全规范施工，避免发生事故，确保施工人员的安全。其次，悬臂挂篮施工涉及高处作业，这就要求施工人员有足够的高处作业技能。如果施工人员没有足够的高处作业技能，施工单位就要对其进行培训，以确保施工安全。最后，悬臂挂篮施工的安全性还受到工程设计的影响，因此应加强工程设计的安全审查，确保工程设计符合安全要求。只有加强安全审查，严格执行安全规范，确保施工人员有足够的安全技能，才能确保悬臂挂篮施工的安全性。

（二）悬臂挂篮施工成本问题

悬臂挂篮技术是一种新兴的技术，它能够极大地提高施工效率，但同时也带来了施工成本问题。首先，悬臂挂篮施工技术需要大量的特殊设备，这些设备都是昂贵的，大多数桥梁建设企业没有这些设备，需要外部租赁。其次，施工人员的熟练程度也会影响施工成本。悬臂挂篮技术的施工要求非常高，普通施工人员的技术水平达不到要求，这会增加施工成本。此外，施工过程中的安全因素也会影响悬臂挂篮施工成本。悬臂挂篮施工是一种高风险的施工，在施

工时要严格控制施工高度，使用大量的安全设施，这会增加施工成本。最后，在施工过程中应用悬臂挂篮技术会产生大量废弃物，对这些废弃物的处理也会增加一定的施工成本。

（三）悬臂挂篮施工效率问题

悬臂挂篮施工效率问题主要包括模块移动时间过长以及模块拆装时间较长等。因此，施工单位应该采取有效措施来提高悬臂挂篮施工效率，如采用自动化施工方法、增强施工设备的灵活性、加强施工现场管理等。

（四）悬臂挂篮施工环保问题

悬臂挂篮施工技术在桥梁施工中被广泛应用，但由于它的特殊性，也伴随着一定的环保问题。这种技术的应用有可能造成噪声污染和空气污染，影响周围居民的正常生活。另外，悬臂挂篮施工还会产生有害的废弃物，如废水、废气、废渣等，这些有害物质会污染周围的水体和空气，影响环境的平衡，也可能对生物产生不良影响。此外，悬臂挂篮施工还可能改变周围的环境，影响居民的视野。

四、悬臂挂篮技术在市政桥梁施工中应用的建议

（一）提高设计水平

提高设计水平是悬臂挂篮技术在桥梁施工中应用的关键。首先，相关单位应制定设计标准，以保证设计质量，确保桥梁的安全性。只有提高设计水平，才能保证悬臂挂篮技术在桥梁施工中的安全可靠性。其次，施工单位应加强施工管理，确保施工质量，保证悬臂挂篮技术的有效实施。最后，施工单位要正确选择材料，采用优质钢材或合金结构钢作为主要承重构件，并适当地增加其

强度和刚度。此外，施工单位还要注意选用合适的混凝土来满足使用要求。这些都有利于保证悬臂挂篮的使用寿命和安全性。

（二）合理布置结构体系

合理布置结构体系是在桥梁施工中应用悬臂挂篮技术的关键。首先，要确定悬臂挂篮的桥梁结构体系，以及在施工过程中应该怎样布置悬臂挂篮的结构体系。其次，要考虑桥梁施工的现场环境，根据现场环境特点，确定悬臂挂篮结构体系的布置方案，以及悬臂挂篮的支撑点的位置。最后，要按照施工规范，对悬臂挂篮进行安全布置，确保施工安全。

（三）采用新材料和新工艺

在采用新材料和新工艺的情况下，应用悬臂挂篮技术能够更有效地提高桥梁的安全性。目前，工程技术的发展使得新材料和新工艺在桥梁施工中的应用越来越普及。采用新材料和新工艺可以使桥梁具有更好的耐久性和可靠性，赋予桥梁更高的强度，从而使其可以抵御更大的外力，使桥梁更加稳定，还可以使桥梁更美观，质量更好，使用寿命更长。采用新材料和新工艺也可以减少桥梁施工中的污染，从而使桥梁更加环保。采用新材料和新工艺可以提高挂篮的安装速度，从而减少施工时间。采用新材料和新工艺也可以提高悬臂挂篮技术的精度，从而使桥梁的结构更加稳定。

（四）加强监控管理

若要加强监控管理，首先，必须建立完善的安全防护制度：一方面，要对施工人员进行培训，提高他们的安全防护意识，让他们熟悉安全操作规程，掌握悬臂挂篮的技术要求，减少安全事故的发生。另一方面，要建立安全检查机制，加大监督执行力度，加强对施工设备的维护，确保施工现场的安全。其次，必须实施科学的管理措施，如：制订完善的施工作业计划，及时发布施工作业任务，明确施工作业安排，以保证施工进度；实行有效的质量控制，定期检查悬臂挂篮施工质量，确保施工质量符合要求；建立绩效考核制度，对施工质量和施工进度进行有效控制。最后，必须推行技术创新，如采用视频监控系统，实时监控施工现场，检测施工中的安全隐患，及时发现安全问题，有效预防安全事故。

第四节　装配式施工技术

梁桥作为市政桥梁工程中的一种重要结构形式，在我国交通基础设施建设中占有重要的地位。传统的桥梁施工方式往往受制于现场条件，施工周期长、质量难以保证，且对环境的影响较大。因此，研究一种高效、环保的桥梁施工技术具有重要的现实意义。装配式施工作为一种现代建筑施工技术，实现了建筑构件的标准化、模块化，具有施工速度快、质量稳定、环境影响小等优点。将装配式施工技术应用于梁桥工程，有望提高桥梁施工的效率和质量，降低施工成本，对我国桥梁工程的发展具有积极的推动作用。

一、构件预制

（一）梁桥构件预制场施工

梁桥构件预制场是梁桥构件预制、存放、出运的综合性生产场地，其布置和功能划分是否合理直接决定了梁桥构件预制、运输、安装等一系列生产活动能否顺畅进行。

1.预制场的布置

预制场的布置应遵循以下原则：

第一，功能齐全，能满足构件预制要求。

第二，布局合理，各作业工序联系紧凑且互不干扰。

第三，安全环保，不存在安全隐患，不会造成环境污染。

第四，经济适用，在满足施工要求的前提下尽量节省成本。

预制场一般包括预制区（台座）、储梁区（台座）、出运通道、施工道路、吊装设备（龙门吊等）及辅助生产区（包括钢筋加工场、模板加工或修整场、试验室、仓库等），并设置合理的排水系统、供电系统、围栏等辅助设施。在条件许可的情况下，一般预制场还设置有混凝土拌和站。

例如，某大桥引桥预制梁分 50 m T 形梁和 25 m T 形梁两种形式，由于场地限制，预制场只能借用 55～62 号跨（25 m 跨）墩下位置作为预制场，在各墩桩基、承台施工完成后夯实，设置 14 个 50 m T 形梁预制台座，25 m T 形梁在该台座上改装后预制。其中，55～57 号墩跨仅在右幅设置台座。预制场内设置两台吊重为 100 t 的龙门吊。由于场地限制，混凝土拌和站靠近预制场设置，而辅助生产区域设置在预制场以外的区域。

2.预制场施工

（1）场地选择

构件预制场一般在桥台后引道路基上，也有在基础较好、地势较平的桥下或桥侧地面上。由于预制场与桥梁的相对位置和地形不同，构件运输路径和方式不同，同时预制场的各功能区的相对位置也有所不同。

（2）基础处理

预制场的基础处理方法视预制场基础情况和施工荷载要求而定，可以采取换填、压实、夯实、碎石桩等不同的方法，以确保预制场基础的承载力，减少预制台座、龙门吊轨道基础、道路等的沉降变形，减少质量和安全隐患。在预制场不同的区域，因荷载不同，处理要求也不同。例如，台座处的基础要求比其他区域要高。

（3）预制台座施工

预制台座的设计和施工应根据预制工艺、构件尺寸等进行。

①先张法预制台座

张拉台座是先张法预制施工最重要的设施，要求有足够的强度和稳定性。根据结构造型的不同，张拉台座可分为墩式和槽式两种。

墩式台座的长度和宽度由场地大小、构件类型和产量等因素决定。墩式台座由传力墩、定位钢板、台面和横梁等组成。墩式台座通常采用传力墩与台座板、台面共同受力的形式，依靠自重和土压力来平衡张拉力所产生的倾覆力矩，并依靠土壤的反力和摩擦力来抵抗水平位移。其可根据基础情况和受力情况采取不同的传力墩形式，如锚桩、地下混凝土梁、三角墩等，一般为钢筋混凝土结构。定位钢板用来固定预应力筋的位置，按照构件的预应力设计位置开孔，应具有足够的刚度。横梁是将预应力筋的张拉力传递给传力墩的结构，一般采用型钢加工而成。

当现场基础条件差、台座不长时，将两端的传力墩连成一个整体梁，称为传力柱，并与横梁、台面整体浇筑钢筋混凝土，即形成槽式台座。其主要依靠传力墩抵抗张拉力和位移，其余构造与墩式台座相同。

②后张法预制台座

后张法预制梁体的台座，实际上就是梁体的底模平台，一般由混凝土基础、底模骨架、底模面板、起吊点活动底模等组成。

混凝土基础依据梁体的荷载情况进行配筋，一般张拉后梁体起拱会导致端部受力加大，应重点处理。底模骨架作为底模与基础的传力结构，由型钢或钢板焊接制作而成，底模高程的调整也通过其实现。底模面板一般为钢板，也有的采用竹胶模板，尤其是两端为张拉后应力集中处，底模面板容易损坏，多用竹胶模板，在竹胶板和钢板之间须涂抹一层黄油，以减小两块模板之间的摩擦力。梁体一般采用扁担梁起吊，故须在起吊点相应的台座位置下设置活动底模，在梁体张拉后拆除，穿扁扭梁起吊。

（4）龙门吊布置

一般大型构件预制场会布置龙门吊作为施工起重设备，其起重能力由最大的预制梁体的质量决定。对于顺桥向布置的预制场和较大型的预制场，往往是两台龙门吊同步抬梁起吊作业。

龙门吊主要由轨道、立柱、横梁、天车起吊系统和滚轮行走系统等部分组成。龙门吊的主体结构（立柱、横梁）一般用万能杆件、贝雷桁架、型钢等组拼而成，也有采用钢管八字形布置作为立柱，可根据可用材料情况灵活选用。在龙门吊布置前，应根据跨度、高度和荷载（包括风载等）要求对龙门吊进行强度和刚度设计，现场组拼安装。目前，一些专业的设备制造厂家也可根据要求定做龙门吊设备。

根据轨道数量的不同，龙门吊有单轨和双轨之分。一般来说，双轨龙门吊横向稳定性较好，但轨道基础及轨道、滚轮等的费用较高，且应根据地基情况选择龙门吊轨道基础并采用不同的处理方式。若地基沉降较小，则可选择刚性基础，在钢筋混凝土地梁上铺设轨道。若采用此方式，则在施工过程中一般不再对高程和位置进行调整。若地基沉降较大或有待继续观察，则应选择柔性基础，在铺筑好的碎石垫层上安装枕木，再安装轨道。若采用此方式，在施工过程中必须加强观测，及时调整位置及高程偏差，确保轨距和轨道高差。

龙门吊的天车为主要起重机构。有的龙门吊还在横梁上安装电动葫芦（一般不超过 10 t），作为辅助起重设备，这样可以在起吊模板、钢筋等小质量物件时，获得较快的速度。

与天车一样，滚轮行走系统要由专业机电工程人员设计、安装。龙门吊两侧的行走系统必须同步，在用两台龙门吊抬吊同一构件时也必须同步，以保证安全。

例如，某梁桥工程在构件预制场内共设两台龙门吊。该工程单榀 T 形梁最大质量为 165 t，皆由两台龙门吊抬吊。该工程所用的两台龙门吊均为双轨龙门吊，单台设计起吊的最大质量为 100 t，用 N 型万能杆件组拼而成，净跨径为 28 m，总宽度为 32 m，总高度约为 19 m，吊高净空 15 m，单台龙门吊的质量约为 10 t。

（5）其他配套设施施工

预制场的排水、供电、道路、场地硬化、混凝土输送等其他配套设施的施工，须根据生产需要和文明规范施工的要求进行。其中，排水设施的施工，对预制台座、龙门吊轨道的沉降影响很大，必须引起足够重视。

（二）先张法预制构件施工

1.预应力施加

先张法预制构件的预应力筋一般有高强钢丝、冷拉钢筋、钢绞线等，各种预应力筋在性能上存在差异，在施工工艺上的差异主要体现为锚夹具形式、张拉程序的不同。

预应力筋的下料长度，应综合考虑台座长度、锚夹具长度、千斤顶长度、焊接接头或墩头预留量、冷拉伸长值、弹性回缩量、张拉伸长值和外露长度等因素，按照有关规范要求精确计算。下料过长会造成浪费，下料过短则会给张拉、锚固带来困难。

预应力锚具应能满足分级张拉和放松预应力的要求，具有可靠的锚固性能、足够的承载能力和良好的适用性，能保证充分发挥预应力筋的强度，安全地实现预应力张拉作业。例如，工具式夹具应有良好的自锚性能、松锚性能和重复使用的性能。

在张拉前，要详细检查台座、横梁和各种张拉机具设备，在符合要求后方可进行操作。

当同时张拉多根预应力筋时，应预先调整其初应力，使相互之间的应力一致；在张拉过程中，应使活动横梁与固定横梁始终保持平行，并应抽查预应力筋的预应力值，其偏差的绝对值不得超过按一个构件全部预应力筋应力总值的 5%。在预应力筋张拉完毕后，与设计值的偏差不得大于 5 mm，同时不得大于构件最短边长的 4%。

2.钢筋工程

所有钢筋在后场按设计图纸下料、制作，然后转运现场绑扎。钢筋尺寸偏差、间距误差、搭接长度等均应符合规范及设计要求。

3.模板工程

采用先张法预制施工的底模与台座一般应一并设计施工，模板在施工前要清除锈迹、打磨光洁、涂抹脱模剂。根据构件外形尺寸制作的定型钢模板或木模，其加工精度应满足规范要求，在安装时采用对拉螺杆固定。内模应根据设计要求采用模板或充气胶囊。若采用充气胶囊，则其应由专业厂家生产，并在使用前进行气密性和耐压性实验。为此，可在胶囊周围涂满肥皂水，充气直至达到工作压力值，检查是否漏气，如有漏气及时修补。

在混凝土浇筑过程中须检查模板，尤其是胶囊是否上浮。胶囊的上浮会直接导致构件顶板厚度偏小。通过调整胶囊的定位钢筋尺寸、严格控制胶囊的工作压力等措施，可以避免胶囊上浮。

4.混凝土施工

先张法预制构件混凝土与梁体就地浇筑混凝土相比，具有体积小、缓凝时间短、外观要求高的特点。混凝土原材料的选择和配合比设计根据实际要求进行，应有利于早期强度的形成和收缩徐变的减少。

先张法预制构件混凝土一般采用插入式振捣器或平板振捣器振捣。在振捣腹板混凝土时应采用小棒对称振捣，以防止胶囊上浮，严禁用振动棒赶料、拖料、接触钢绞线。当混凝土强度达到设计要求时，应将胶囊放气拔出。根据当天气温确定拆模时间。此后，应根据气候情况选择养护方式，养护时间不少于7天。

5.预应力筋放张

预应力筋放张时的混凝土强度须符合设计规定，当设计未规定时，不得低于混凝土设计强度等级值的75%。在预应力筋放张之前，应将限制位移的侧模、翼缘模板或内模拆除。

预应力筋的放张顺序应符合设计要求，放张预应力宜缓慢进行。当设计未规定时，应分阶段、对称、相互交错地放张，且须符合以下要求：

第一，应先放张预压力较小区域的预应力筋，后放张预压力较大区域的预应力筋。

第二，板类构件应按照对称原则从两边同时向中间放张，以防止在放张过程中板出现翘曲、裂缝等现象。

第三，对用胎模生产的构件，在放张时应采取防止构件端部产生裂缝的有效措施，并使构件能自由移动。

多根整批预应力筋的放张，可采用砂箱法或千斤顶法。当用砂箱法放张时，放砂速度应均匀一致；当用千斤顶放张时，放张宜分数次完成。若单根钢筋采用拧松螺母的方法放张，则应先两侧后中间，不得一次将一根预应力筋松完。

在钢筋放张后，可用乙炔和氧气切割，但应采取措施防止烧坏钢筋端部；在钢丝放张后，可用切割、锯断或剪断的方法切断；在钢绞线放张后，应用砂轮锯切断。

（三）后张法预制构件施工

1.模板施工

后张法预制梁体的模板主要由底模、侧模、端模组成，其中箱形梁和空心板还有内模。根据材料的不同，模板主要分为钢模板、木（竹）模板和钢木复合模板 3 种。

（1）底模施工

为了抵消因梁板的预应力张拉造成的梁体中部上拱量，满足桥面铺装跨中最小厚度的要求，后张法预制梁台座及钢底模须设置反拱，即底模板不是水平的，而是一个向下挠的曲线，中间底，两端高。跨中反拱度值应经计算并结合施工经验确定；其余各点预拱度值应对称，按二次函数的抛物线分布。

为确保预制梁底板外观质量，底模的所有接缝必须进行焊接并打磨光；也可将底模面板清理干净后上一层清漆防锈，这样不仅可以防止在绑扎钢筋时底模生锈，而且有利于清理底模和省去底模脱模剂。

（2）侧模施工

侧模系统一般由侧模、侧模支撑桁架及必要的调节螺杆、对拉螺杆组成。在侧模定位时，应通过支撑桁架上的螺旋调节装置进行调位。在到位后，底口与底模用螺栓连接固定，侧模顶、底口设对拉螺杆。侧模应具有足够的强度和刚度，能满足多次反复使用的要求。

例如，对于T形梁，一般设计有横隔板，横隔板模板与侧模连成整体。侧模的分块大小由横隔板位置、起重能力和安装方便程度综合而定。分块太大，则安装、拆卸较困难；分块太小，则拼装工作量大，线形控制较难。

侧模的支撑方式直接决定了侧模的安装方法。普通的分块侧模，可直接用龙门吊吊运到安装位置安装就位。如果在支撑桁架下安装滚轮并与侧模连成整体，则可人工推移模板到指定位置安装。如果将支撑桁架固定在地面上，在桁架上安装调节螺杆，则顶撑调节螺杆即可将模板安装到位。

拆除模板则按照安装的相反顺序作业，但应注意对梁体成品的保护，尤其是梁体边角、隔板位置应防止碰撞掉角或开裂；同时也要控制模板的均匀受力，以防变形。

在拆除侧模后，须及时在台座两侧加撑杆，使梁体稳固；禁止碰撞梁体，以免翻倒。

（3）端模施工

后张法预制梁体端模一般根据张拉槽口的形状进行制作，根据预应力位置开孔，并将预应力锚具临时固定在端模上。

（4）内模施工

空心板和箱梁必须有内模。应根据梁体内腔尺寸和施工要求选择和设计内模，并充分注意模板的安装、拆卸难易程度，要求简洁实用。

梁体内腔如果是小圆孔，可采用充气胶囊或拔芯法；如果内腔尺寸较小（0～2 m），可用组合钢模或木模拼成内模，并用木杆或钢管加顶撑螺栓十字支撑；如果梁体内腔较大（如预制箱梁），可采用组合钢模拼装或制作定型模板作为内模，内模主要由顶板底模、腹板内侧模及角模组成，用脚手架或油压杆支撑。如果梁体预制量大，则其标准化、自动化程度也较高。

2.钢筋施工

预制梁的钢筋施工主要有 3 种方法：

（1）直接在台座上绑扎

这种方法适用于小型的预制件，不需要更多的转运、起重设备；但绑扎时须搭设临时支架，台座占用时间长，对模板周转不利，梁体预制周期也较长。

（2）后场绑扎钢筋单元、台座组拼

该方法是将部分钢筋在后场钢筋加工区先拼成网片或其他单元，将这些单元整体运输、吊装到台座上，再绑扎、组拼成型。这种方法使用灵活，适用于各种预制构件的钢筋施工，可以减少钢筋绑扎时的放线工作，无须现场搭设钢筋支架，为台座的周转节约了大量的时间，而且这样绑扎出的钢筋间距均匀。缺点是需要专门的运输设备，起重设备使用也较频繁。

（3）钢筋骨架整体吊装入模

该方法是先在专门的钢筋绑扎台座上将梁体钢筋骨架绑扎成型，再用龙门吊整体吊装入模。预制箱梁节段钢筋绑扎台座，应根据梁体形状，利用型钢搭设台座、支架，在台座上绑扎梁段钢筋成型。钢筋骨架采用专用吊具多点起吊，钢筋骨架顶板与底板之间用连接杆进行临时连接，以增强骨架的整体性。

这种方法需要专门的钢筋绑扎台座和支架、吊具，为标准化流水作业，预制周期短，钢筋质量易得到保证。在梁体钢筋绑扎的同时，应进行所有预埋管件的埋设，并设置保护层垫块。

3.预应力施工

后张法预制梁体的预应力施工与就地浇筑主梁的施工基本类似，但根据梁体结构的差异和预制场作业的特点，在以下几个方面进行了改进：

（1）采用焊接网片定位管道

同种梁体在相同的位置其管道位置也是一定的。根据各断面的管道位置焊接定位钢筋网片，直接安装在钢筋骨架中，可减少现场作业时间，使定位准确。

（2）在浇筑混凝土前先穿钢绞线

由于后张法预制梁的预应力筋一般数量多、管道弧度半径较小，在混凝土浇筑后再穿束困难，管道也易被混凝土砂浆堵塞，所以一般都在混凝土浇筑前穿束，在检查管道封堵良好后再支侧模，在混凝土浇筑完成后再人工将孔道内的钢绞线来回拉动，避免管道内的砂浆固结。

（3）预应力张拉顺序尤其重要

一般后张法预制梁为薄壁结构的细长杆（如 T 形梁），刚度差，必须严格按照张拉顺序进行张拉，以免造成梁体侧弯、起拱过大，影响后续施工或影响其使用功能。

（4）张拉端的安全防护

在预制场张拉，作业人员较多，在张拉前必须确认正对千斤顶的位置没有站人。如果施工需要有人在张拉端前方作业，须在正对千斤顶的位置安放钢板制作的防护挡板，以免张拉断丝造成人员安全事故。

（5）封锚长度的控制

对于需要封锚的构件，应首先将封锚梁端凿毛，并用砂轮切割机将多余钢绞线割除（注意预留长度不小于 3 cm）。在焊接封锚钢筋网片时，应避免电弧焊伤锚板及夹片。在封锚模板支好后，应着重检查梁体的有效长度和封锚端面的垂直度，并注意加固模板，以免影响后期梁体的安装。

4.混凝土施工

由于后张法预制梁构件较大、钢筋和预应力管道较密、T 形梁等有放大“马蹄”脚，因此要求混凝土具有良好的和易性和足够的缓凝时间，保证混凝土密实、不出现冷缝。同时，由于构件外观要求一般较高，除对模板的打磨、清理、脱模剂等方面进行严格控制外，还应注重混凝土的泌水性、流动性以及混凝土的振捣，保持原材料的质量稳定，确保预制构件结构可靠、表面光洁、颜色均匀、线形顺直，无明显缺陷。

混凝土一般吊罐入模，水平分层或斜向分层布料。在混凝土浇筑时要注意层与层之间的连接，并且层与层之间浇筑的相隔时间不宜太长。

后张法预制梁混凝土的振捣一般采用高频电机加插入式振捣相结合的方式，高频电机安装在侧模上，根据构件外形和振捣难易程度分层布置，上下层之间一般交错呈三角形布置。在振捣时应严格控制振捣时间和顺序。尤其是在T形梁“马蹄”部分，一般容易集结气泡，混凝土下料一定不能太厚，尽量做到薄下料、多振捣（高频的振捣总时间一般控制在60～90 s，再根据混凝土的坍落度做局部调整）。在插入式振捣棒能插入的地方应尽可能使用插入式振捣棒振捣，振捣棒应尽可能不碰到钢筋和管道，以免管道破裂而影响后期的张拉和压浆。

要充分重视混凝土的养护工作，在混凝土浇筑完成初凝后应及时进行养护。一般采用洒水覆盖养护的方式，养护时间不少于7天。在冬季预制混凝土施工时，应采用热水或蒸汽养护。梁的两端和横隔板及其凹角处要加强养护。对梁体棱角处的养护往往在施工中被忽视，造成拆模时出现掉角现象。

（四）预制构件的堆存

如果预制的构件不能马上上桥安装，则必须将其转运到堆存区存放。堆存区应平整夯实，构件应按吊运及安装次序顺序堆放，宜尽量缩短预应力混凝土梁或板的堆放时间。构件在堆放时，应放置在垫木上，吊环向上，标志向外；混凝土养护期未满的，应继续洒水养护。当水平分层堆放构件时，其堆垛高度应按构件强度、地面承载力、垫木强度以及堆垛的稳定性而定。承重大构件一般以2层为宜，不应超过3层；小型构件一般以6～10层为宜，层与层之间应以垫木隔开，各层垫木应位于吊点处，上下层垫木必须在一条竖直线上。在雨季和春季融冻期间，必须注意防止地面软化下沉造成的构件断裂及损坏。

二、构件起吊、运输

（一）装配式构件的起吊

梁桥装配式构件的起吊主要有吊耳法和扁担梁法两种。

1.吊耳法

在梁体钢筋绑扎时，一般会预埋钢筋或钢板制作的吊耳与钢筋骨架连接并浇筑在混凝土中。在起吊时，将吊具卡环或钢丝绳穿过吊耳，进行梁体的起重作业。这种方法适用于梁体质量较小的构件，吊耳须进行结构受力计算。

2.扁担梁法

在吊运大型梁体时，应采用扁担梁法。吊具由上担梁、销栓、吊带、下担梁组成，且须经过计算确定其材料和规格尺寸。其中上担梁与下担梁基本一致，其上安装吊耳穿钢丝绳起吊。销栓应进行抗剪计算，常采用 40Cr 材料，强度高，直径小。吊带由钢板加工，两端开孔穿入销栓。对于 T 形梁和箱梁，吊带穿过翼缘的位置应预留孔道。

（二）装配式构件的运输

构件在台座上预制好后，要经过运输才能到达堆存区或安装位置。运输方法根据现场的运输距离、设备情况、运输路径等基础条件进行选择，主要有以下几种：

1.龙门吊运输法

如果运输目的地在龙门吊的作业范围内，则可直接用龙门吊将预制构件吊运至指定位置。但这种方法的运输作业范围有限，一般是作为其他运输方式的起点，在龙门吊作业范围以外应采用其他方法。

2.滚筒横移法

在没有设置龙门吊的预制场或预制构件须横移到龙门吊范围以外的情况

下，可采用滚筒横移法将预制好的构件横移到纵移轨道上。滚筒横移法是指依靠滚筒减少摩擦力，将预制构件横向移动的方法。

以预制 T 形梁的横移为例，其基本操作步骤为：

第一，将 T 形梁两端的活动底模取走。

第二，为确保 T 形梁顶升安全，采用单端顶升；在 T 形梁另一端两旁用 15 cm×15 cm 方木斜撑 T 形梁翼缘根部。斜撑必须稳固，不滑移。

第三，在 T 形梁马蹄宽度内放置两台千斤顶，对称布置，梁一端进油顶升时，另一端两旁斜撑必须由专人守护，预防支撑松动。同时，顶升端两旁也需要用方木支撑。因顶升时方木会松动，须在顶升时随时加撑。将 T 形梁顶升到一定高度后便可将横移托梁放入横移轨道内，托梁一般由型钢制作。

第四，调整托梁及其下方的滚筒钢棒与 T 形梁居中，千斤顶卸载，将 T 形梁放在托梁上；将托梁两端的刚性斜撑杆安装好并撑于梁翼缘根部；同时可用手拉葫芦和钢丝绳将 T 形梁捆紧在托梁两端，以保证安全。

第五，用相同方法将 T 形梁另一端安放在横移托梁上，并加固。

第六，在检查稳妥后，在 T 形梁两侧各用一个 10 t 倒链葫芦牵引托梁，实现 T 形梁的横向移动。两端横移速度应大致相同。为防止滚筒将混凝土路面局部压坏，减少摩擦阻力，应在滚筒下铺设钢板。若钢板太厚，则受力弯曲形成的拱形使 T 形梁上坡很难被拉动，太薄的钢板则易被挤皱而不能重复使用。

第七，待 T 形梁进入纵移轨道后，利用与台座上顶梁相反的顺序，喂进纵移轨道上的运梁小车，取出横移托梁，便可纵向移动 T 形梁。

3.轨道小车运输法

利用龙门吊或滚筒横移将梁体安放到运梁小车上，小车在纵移轨道上移动，这就是最常见的轨道小车运输法。梁体在运梁小车上一定要固定稳妥，尤其是 T 形梁，稳定性较差，要有可靠的防倾措施，一般是采用斜撑加手拉葫芦固定。

根据需要，可将运梁轨道安装在预制场，也可将运梁轨道安装在已安装的梁段上，下垫枕木或混凝土支墩。须严格控制轨道间距和轨顶高程，并防止不均匀沉降。

4.轮胎平车运输法

在地形复杂、需要转向运输的情况下，可采用轮胎平车运输梁体。制作轮胎运输平车，应根据梁体尺寸和质量确定轮胎数量和大小；应在平车托梁与底座间设置转动销，在曲线运输时可转动。梁体在预制场上经两台龙门吊抬运上小车后，用卷扬机或装载机、汽车等带动运梁平车前行。当运输途中存在下坡时，应在运梁平车后设一台卷扬机，边走边放，以防运梁平车下行速度或加速度过大而失控。

三、构件安装

预制构件的安装，是装配式梁桥施工中的关键工序，应结合施工现场的条件、桥梁跨径大小、设备能力、设计要求等具体情况，从安全、工期、造价等方面综合考虑，选择最合适的安装方法。

安装方法的不同，主要体现在安装设备的选择上。下面以预制梁的安装（架梁）为例，对预制构件的安装进行介绍。随着桥梁施工的机械化、标准化程度越来越高，同时逐步向工厂化的方向发展，架梁设备也越来越先进，并逐渐向大型化、标准化方向发展。

架梁是安全风险较大的施工作业，涉及设备、人员、结构等各个方面。在施工中如何保证操作人员的生命安全、预防工程事故的发生，是贯穿施工方案的选择、施工机具设备的设计和选用、施工工艺的细化、操作工法的制定、安全措施的制定和落实、操作人员的培训等各个方面的一项基本方针。尤其是架梁设备的各个工况下的受力状况、抗倾覆稳定性、安全措施等，必须经过严格的设计计算。

下面介绍各种架梁方法，重点介绍目前常用的架桥机架设法。

（一）简易架梁方法

对于跨度小、高度较低的小型桥梁，应因地制宜，采用简易的架梁方法。

1.自行式吊车架设法

如果桥下可以设置便道，吊车的起重能力足够大，则可直接用自行式吊车将梁体安装到位。如果梁体质量较大，则可采用 2 台吊车抬吊。这种方法机动灵活、架设简便。

2.跨墩龙门吊架设法

若能在桥两侧设置龙门吊轨道，且龙门吊高度足够，就可采用 1 台或 2 台跨墩龙门吊架梁的方法。这种方法安装位置准确、安全，但如果龙门吊和运梁通道基础处理太困难，成本就会较高。

3.移动支架架设法

当桥下基础良好可铺设轨道时，在两墩、台之间搭设支架，在支架下设置在轨道上可移动的滚轮，将梁端安放在支架上，在牵引移动到位后落梁。这种方法难以保证支架的抗倾覆稳定性，一般较少采用。

（二）水上浮吊架梁

在深水河流桥梁施工中，常采用水上浮吊架梁。浮吊具有起重能力大、功效高等特点。采用水上浮吊架梁，需要有足够的水深，并修建预制梁出运码头，配套拖轮、驳船等船机设备。在流速大、波浪高的水域作业时，须充分重视浮吊的稳定性，防止工程安全事故的发生。

（三）高空架桥机架梁

随着大量桥梁的修建，桥下地形千变万化，桥梁高度不断突破，架桥机架梁作为一种标准化施工的先进技术，不受高度和桥下基础、地形的限制，得到了不断的发展，其工艺也日趋成熟，功能日益完善。

早期的架桥机一般以万能杆件或贝雷桁架拼装为主，目前在中小桥梁架设中仍使用较多。成型设备的架桥机在20世纪90年代被逐步推广应用，根据导梁的数量，分为单导梁架桥机和双导梁架桥机两种。对于双导梁架桥机而言，又经历了三支点两跨连续导梁架桥机和两支点后配重架桥机阶段，前者依靠导梁后段的自重平衡实现架桥机前移过跨，后者则须在导梁后段加重物配重平衡来前移过跨，但二者均须铺设架桥机前移轨道，通过卷扬机牵引或自行前移。

近年来，双导梁步履式架桥机逐步应用，其前设引导梁、两支点简支、步履纵移，具有自重轻，无须铺设纵移轨道，可实现全方位、曲线架梁，操作方法标准化等特点，成为大型桥梁架设的首选。

下面重点就常用的贝雷梁（万能杆件）自拼架桥机和双导梁步履式架桥机架梁施工工艺进行介绍。

1.贝雷梁（万能杆件）自拼架桥机架梁

利用贝雷梁（万能杆件）自拼架桥机架梁，是中小企业常用的施工方法。该种架桥机可根据桥型和要求变换拼装成需要的结构。利用其架梁施工简便，造价较低。

（1）架桥机构造

贝雷梁（万能杆件）自拼架桥机主要由导梁、横梁、支腿、天车起吊系统、卷扬牵引系统等组成。其中，在较大跨度的梁体安装施工时，为控制导梁的挠度变形，须在导梁间设置塔柱，采用预应力筋或钢丝绳斜拉，以保证导梁的刚度。

例如，某大桥引桥的50 m T形梁安装采用的中塔斜拉式自拼架桥机，最大荷载为160 t；导梁宽2 m、高4 m，两导梁间距4.9 m（净空）；架桥机全长114 m，跨径布置为56 m＋48 m＋10悬臂；塔柱高20 m，断面1 m×1 m，以N_2、N_3杆件构成格构体，两塔柱间距为10.4 m（中到中）；斜拉绳采用钢丝绳；塔顶和架桥机前后锚点各设一个5柄大滑车；在塔柱下方设一固点，通过1个5 t手拉葫芦与斜拉绳连接，用以调整斜拉绳松紧度；天车采用P50双轨，以增强架桥机横向稳定性，使荷载均匀分布。

同时，必须将架桥机支腿荷载尽可能分散，以免T形梁的集中应力过大而造成开裂。当架桥机空载前行时，前端挠度不得过大，否则不易跨上盖梁。

（2）架桥机的拼装

架桥机的拼装应根据工程具体情况和设备的情况灵活制定架桥机的拼装方案。架桥机可一次拼装成型，也可分次拼装成型。

以浙江某大桥引桥的施工为例。因台后引线为弯道，弯道与桥轴线夹角约20°，台后直线距离为 20 m，在变道与直线段接合处为预制场龙门吊吊梁上小车场地，故而在安装 0 号台至 1 号墩间的第一孔 T 形梁时，架桥机不能采用完全成型的架桥机安装，否则靠上游方的导梁将会阻挡 T 形梁的运输路线。经计算后，施工单位决定在第一孔 T 形梁的安装中采用长 64 m 的简支导梁进行安装（跨径为 54 m）。

在架桥机拼装时，施工单位考虑到现场无大型起重设备，在水上只有 1 艘 40 t 的浮吊，若长 64 m、高 4 m 的导梁一次拼装成型，浮吊根本无法将导梁吊装就位。于是，施工单位先在台后拼长 64 m、高 2 m 的桁架，用浮吊吊起导梁前端，尾部用 ZL50 型装载机往前推送，直至导梁前端跨上 1 号墩，然后在其上续拼高 2 m 桁架，直至架桥机成型。待第 1 孔 T 形梁架设完成后，续拼设计所余部分架桥机，直至整体成型。

（3）架桥机的试吊

为检验架桥机的实际结构承载能力的可靠性和施工工艺的可行性，在预制梁正式安装前，应对架桥机进行试吊、试运行。

试吊的注意事项如下：

第一，将钢材、万能杆件等作为试吊荷载，荷载质量按照最大梁质量的 1.1～1.2 倍考虑。两辆天车须各吊 1/2，天车间距与吊梁时两吊点的间距须相同。也有的工程直接用预制梁作为试吊荷载。

第二，两片导梁顶面横向同一位置须水平，纵向同一坡度。

第三，当天车吊重物前行时，天车尽可能居中，防止架桥机偏心受载，并随时用测量仪器观察架桥机前后的跨中挠度变化。

第四，当天车吊重至安装跨跨中时，须检测导梁下挠度，并进行梁的提升、降落试运行，以测试卷扬机等起重机具是否能正常工作，检查其制动是否有效。

第五，须检查各控制系统是否正常、天车是否超重、卷扬机是否正常工作等。

第六，须检查各杆件连接情况。

第七，须检查前、中、后支腿稳固情况。

在测试前应编制详细的试吊方案。在试吊过程中，各部位均应安排责任人观察。若发现异常情况，如架桥机跨中出现超出设计允许的挠度变形、支腿歪斜或沉降过大、天车运行异常、听到异响、卷扬机故障等，应立即暂停试吊。如有可能，应将天车缓慢移回后跨，在卸载后对架桥机受力进行分析，拿出整改措施，在确认稳妥后再继续测试。

（4）运梁小车喂梁

将事先后移至架桥机尾部的前天车吊起梁体前端，前天车同后运梁小车一起将梁体往前运送，直至梁体后吊点位于后天车正下方，用后天车吊起梁体后端。

（5）落梁

待天车吊运梁体至安装跨正下方时，将梁体徐徐下放至盖梁上的平板上，将 4 台 5 t 手拉葫芦交叉拉于梁体前后端及左右两导梁上，防止梁体倾倒。

（6）横移

梁体在盖梁上的横移可用与梁体在预制场滚筒横移相同的方法进行。但在盖梁上横移属于高空作业，操作空间狭窄，可借助架桥机导梁稳定梁体，防止侧翻。在架梁前，应在桥台及盖梁上铺设梁体横移走道，做好横移准备。在梁体横移方的前后盖梁上各连接 1 个 5 t 葫芦，作为横移牵引力，收紧此葫芦链条，梁体朝安装方向移动，同时靠梁体横移正方向的两个葫芦逐渐收紧，反方向的两个葫芦逐渐放松。

在架梁前应对桥台及盖梁的支座垫石进行纵轴线、横轴线、高程、平整率的复测及检查，放出支承垫石的纵向、横向中心线及梁端横向、纵向线。当梁体横移至设计位置时落梁。落梁采用 4 台 100 t 螺旋式千斤顶，将梁体两端顶起，撤去平板及滚筒、方木等，再将梁徐徐落下。在落下过程中须观察梁与设计位置的重合情况，随时进行轻微调整。

在把梁体安装到指定位置后，必须对梁体进行加固，如斜撑、斜拉、横向连接等，保证梁体的稳定性，防止侧翻。

（7）架桥机过跨

架桥机过跨是指安装完一跨后，空载前移到下一跨安装位置的过程，是架梁施工中安全控制的重点和难点。

待一跨梁体安装完毕、横隔板连接完后，即可使架桥机前行至下一跨，进行下一跨梁体的安装。架桥机过跨的步骤如下：

第一，两导梁横向连接：因塔柱位于两导梁外侧，对两导梁产生偏心力，故须在架桥机前行时将两导梁横向连接起来。

第二，拉紧斜拉绳：检查塔顶滑车和斜拉绳状况，用手拉葫芦收紧斜拉绳到达设计拉力（45 t）。

第三，放平导梁：用液压千斤顶顶起架桥机尾部，撤去方木，纵向垫上 5 cm 厚的脚手板与 ϕ50 mm 的钢棒；顶起架桥机前端，撤去方木，使前端悬空。

第四，前行、就位：用 1 台 8 t 卷扬机牵引架桥机整体前行，直至架桥机前端跨上下一个盖梁；顶起前端，垫上方木；顶起后端，亦垫上方木；调平架桥机，放松斜拉绳，拆去横向连接，形成安装状态。

2.双导梁步履式架桥机架梁

下面以某工程使用的 SDLB170/50A 型双导梁步履式架桥机为例，对利用该设备进行架梁施工的工艺进行介绍。

（1）架桥机技术性能

为确保架桥机安全运行，架桥机的设计安全系数为 1.45，力求整机质量最轻、悬臂最短，拼装、拆卸、转运等作业方便、快捷。

SDLB170/50A 型双导梁步履式架桥机主要由整机横移行走系统、主辅纵梁及支撑系统、横梁及起吊行走系统、导梁纵移系统、摇滚台车纵移系统、液压系统、边梁起吊系统、电器控制系统组成。

主要技术参数如下：架桥跨径≤50m；额定起吊质量为 170 t；适宜纵坡±3%；抗风力≤6 级；有效起吊高度为 4.1 m；整机功率为 80.8 kW；外形尺寸为 90 135 mm×13 546 mm×8 140 mm；结构件最大质量为 6.85 t，整机质量为 192 t。

适于架设的桥型：弯桥半径≥350m，转向角度为 0°～45°。

整机横移幅宽不限，摇滚台车纵移速度为 5.8 m/min，整机横移速度为 1.18 m/min，主横梁纵移速度为 4.5 m/min，导梁纵移速度为 1.39 m/min，卷扬小车横移速度为 2.93 m/min。

该架桥机有以下特点：

第一，结构质量轻、承载能力大，提高了整机在桥面上的通过能力。

第二，纵横移运行方便、稳定性好，整机纵、横运行只需按钮操作即可实现，两纵梁间用横联及斜拉连成整体，运行平稳。

第三，该机配有不同桥型（直桥、斜桥、弯桥）的安装孔，稍作调整即具有一机多用的功能。

第四，机械化程度高，架梁速度快。

第五，操作方便，使用安全可靠。整机由一个电控箱控制，只需一人即可操作，液压泵站操作简便。而且所有的部件动作均有自锁装置，在坡道上运行无滑坡危险。

第六，组拼、拆卸快，转运运输方便。

第七，整机前移不再铺设纵轨，前端设置辅导梁，更便于弯桥架设。

（2）架桥机拼装

按照先支腿、后主导梁、最后台车及机电系统的顺序进行，在安装完成后必须进行调试，在试吊后方可正式进行架梁施工。

在试吊前，应先检查：前后横移轨道的位置和支垫情况，两主导梁是否连接可靠，各台车的连接和润滑是否良好，横移台车和轨道的相对位置是否准确，前后支架连接是否可靠，主横梁的连接可靠度、高差及平行度，起重行车的卷扬机、钢丝绳等的安全性和灵活性，电气各部件是否运转正常，运梁平车及轨道是否可靠。

利用梁体进行试吊，考虑到安全系数，应在梁上对称平衡添加梁质量 10% 的重物（如钢筋、钢轨等），即试吊荷载为梁质量的 1.1 倍。试吊步骤如下：

第一，运梁平车运梁到架桥机尾部。

第二，将架桥机整机超平，纵向误差为±100 mm，横向误差为±50 mm。

第三，按照喂梁、起吊等各个工序进行吊梁操作，在进行每一步操作时，均应先进行较小的动作，在检验无误后再动作到位。例如，在起吊梁时，先启动卷扬机，使梁前端离开平车 50 mm 左右，检查卷扬制动是否正常、支腿等是否有异常等，当确认均无问题时，再将梁提高到要求的高度。

第四，整机横移试验。将梁前后吊平，纵移到落梁处停止，整机横向运行数次。

第五，退梁。回梁到喂梁位置，按照起吊、喂梁相反的顺序，将梁退回运梁平车上。

第六，详细检查各部件，保证下一次正常使用。

在试吊前，相关人员应编制详细的试吊方案，按照架桥机试吊工法操作。在试吊过程中，各部位均须安排责任人观察，用测量仪器观测各部分的挠度、变形情况。如果发现异常情况，如架桥机跨中出现超出设计允许的挠度变形、支腿歪斜或沉降过大、两侧导梁不均衡、系统运行异常、听到异响等，应立即暂停试吊或退梁、卸载，然后对架桥机受力进行分析，拿出整改措施，在确认稳妥后再继续测试。当必要时，可在受力关键部位设置应力、应变检测元件，对架桥机的结构状况进行全面检测。

（3）架梁（以某工程先简支后连续 50 m T 形梁架设为例）

利用龙门吊将预制好的 T 形梁自预制场吊至运梁轨道平车上，运梁平车通过轨道移动到安装位置旁，用架桥机起吊 T 形梁两端、安装就位，使其支承在临时支座上。

①架梁前的准备工作

架梁前的准备工作如下：用全站仪对本桥跨距进行认真复核，提供架梁前的第一手资料；对支座垫石进行抹平处理，严格控制垫石的平整度和高程，同时确认盖梁已达到强度并按要求张拉、压浆；安全是T形梁架设的重点，应对施工区域进行封闭，安装跨下不得行人、行车、通航，以保证安全。

②临时支座设置

对于先简支后连续体系，在简支状态下，首先将梁体安装在临时支座上。一般3～5跨为一联，待一联的各跨间通过顶部的预应力连成整体后，再将临时支座卸载，将连续梁体安放在永久支座上。T形梁安装的临时支座主要有两种形式：双砂筒结构和卸荷块结构。对于对称的易于稳定的中梁，其临时支座采用双砂筒结构。砂筒采用下大上小的钢管制作而成，上面小直径（245 mm）钢管为内塞，灌注混凝土；下面较大直径（273 mm）钢管为砂筒，填入洁净、干燥的砂子。每个砂筒上用两个ϕ24 mm的螺栓作为塞子，在卸荷时拧出螺栓使砂流出。在砂筒配套后，先进行预压以消除砂子的松散变形，预压采用H50型钢制作的反力梁体系。待预压完成后，内塞与砂筒之间浇热沥青封闭，使砂稳定。但由于砂筒在梁体安放其上时可能存在沉降，尤其会给边梁的稳固带来困难，存在安全隐患，故将边梁的临时支座改为卸荷块。卸荷块用δ20 mm钢板制作，块间钢板间抛光、上黄油，左右两块之间用ϕ32 mm精轧螺纹钢筋对拉，在卸荷时松开精轧螺纹钢筋。在安装前，先在型钢反力台座梁上进行静压试验，待符合强度要求后才能使用。临时支座的高度根据支座处的高度确定，通过砂子的多少或精轧螺纹钢筋的收放来控制其高度。如果盖梁存在坡度，可将临时支座底面设置成相同坡度，在安装时注意方向。需要指出的是，这两种临时支座结构也常用作其他现场支架等的卸落装置。

③架梁

喂梁：运梁小车将T形梁运至架桥机下，然后架桥机天车开至相应位置进行吊装。

捆绑梁：在预留吊装位置孔内安装吊带及底托梁，在起吊时先慢速，当T形梁离开地面后，架桥机两侧要同步升降，使T形梁在起吊的过程中保持水平。在架桥机运梁时应严密监视电机是否同步，否则应及时采取措施。

落梁：在架梁前即放出每个支承垫石的横向、纵向中心线及梁端横向、纵向中心线，安好临时支座，当梁运至横向、纵向中心线与支承垫石横向、纵向中心线重合后落梁。

④稳定安全措施

边梁和次边梁的安装：考虑到架桥机横移的稳定性及盖梁悬臂的受力，在进行边梁安装时必须先将边梁临时安装在次边梁位置上，再利用架桥机外单导梁桁架重新吊起边梁，外移至边梁位置。边梁和次边梁的安装是整跨安装的重点和难点，已安装梁必须采取撑、拉等各种因地制宜的方法加固，并在下一相邻梁安装时小心操作，防止扰动和碰撞已安装梁体。在工艺上可加以改进，如可采取依次挪位、边梁和次边梁一起安装定位等措施来保证安全。

中梁安装：中梁安装须在边梁和次边梁安装好后进行，每相邻两梁安装好后，及时将相邻的梁体焊接在一起，并在一跨安装完成后尽快浇筑梁侧的接缝混凝土。

其他安全注意事项：在梁体起吊时，其重心尽量与平放时相吻合，减小其旁弯程度，特别是边梁的起吊。在梁体吊装前须检查架桥机各部件，在保证试运行没有问题后才能起吊安装。在吊装过程中，除无须测量观测挠度外，同试吊相同，架桥机各位置均应有专人负责进行观察，及时发现和解决可能的问题。

⑤质量控制措施

应控制梁体安装的平面位置、梁体垂直度、顶面高程。平面位置、梁体垂直度主要用锤球吊线定位控制，顶面高程用水准仪控制。在梁体安装但未加固时，测量梁体顶面高程，在安装临时支座时宁低勿高，如果因砂筒沉降而偏低，可以在砂筒顶垫钢板，钢板厚度由砂筒顶高程控制。

⑥架桥机过跨

待一跨安装好后，架桥机向前推进，以便安装下一跨。

后支架前移：先垫好后支腿下垫木，用水平尺超平，使后支腿压在垫木上，后横轨离开桥面（其高度能保证后台车及其横轨一次前移 20 m）。开动后电葫芦前行，当后摇滚台车行至距主导梁前端 27 m 时停止。将后摇滚台车落于桥面且落实。

主导梁前移：确认摇滚架与导梁无挂联，同时启动前后摇滚和导梁上的两纵移台车，使导梁前移（当辅支腿到达前桥台时停止），纵移台车后移（两纵移台车移至尾部停止）。

架桥机转角：架桥机转角的原理是靠调整导梁下弦与前摇滚上两平滚的间隙来实现的。在架桥机转角时，开动后横移台车向右幅横移，直至前摇滚上导梁下弦与两平滚无间隙时停止；将中支腿顶出，使前部横轨离开枕木；调整前摇滚架与导梁纵向垂直，再顶出前支架至前部横轨落实于枕木上。这时架桥机恢复转角前的状态。如果转角满足不了架桥要求，可再重复以上动作，直至架桥机摆正为止。架桥机转角是曲线桥安装的重点。

前后支架前移就位：顶出中支腿，使前台车及横轨离开桥台，然后前支架整体前移，直至前台车行至前桥台落梁一边上方时止；接着顶出中后支腿，至后支架便于前移为止，开动后电葫芦前行至距前支架 52 m 时止；将中后支腿缩回，后台车落实于桥面上。

主导梁前移就位：同时启动前后摇滚，使导梁前移。当主导梁前端距其后的前支架中心 1 m 左右时停止；然后将前后摇滚架与导梁索紧。当架桥机过跨后先检查各部件运转情况，如一切正常，即可试吊梁，准备安装下一跨。

⑦接缝处理

安装的各梁之间和各跨之间存在接缝。各梁之间和各跨之间的接缝应按照先横隔板后翼缘的顺序进行钢筋焊接、支模、混凝土浇筑施工。

（四）顶推法施工技术简介

顶推法施工是在沿桥纵轴线方向设置预制场，分节段预制梁段，并用纵向预应力连成整体，然后水平液压千斤顶顶推，使梁体在滑动装置上向前顶进，就位后落梁，更换正式支座，完成梁体的安装施工。

1.顶推施工方法

（1）根据顶推的施力方法分类

①单点顶推法：顶推装置集中设置在靠近主梁预制场的桥台或桥墩上，前方各墩支点设置滑动支承进行顶推。滑动支承一般为四氟乙烯板，滑动摩擦因数一般为0.04～0.06。在运用该方法施工时，可设置竖向千斤顶联动，依次顶高、水平顶进、落梁，再移动竖向千斤顶，继续顶推施工。

②多点顶推法：在纵向的各个墩（台）上设置一对千斤顶，将顶推力分散到各墩（台）上。多点顶推法操作要求高，施工关键在于各墩（台）上千斤顶的动作要同步，保证同时启动、前进、停止和换向。在多点顶推施工中，单个墩（台）受水平分力较小，在柔性墩（台）上也可采用。多点顶推免去了单点顶推的大规模顶推设备，每个墩上的千斤顶吨位较小，能有效控制顶推梁的偏位，也可实现弯桥顶推作业。

（2）根据支承系统分类

①设置临时滑动支承的顶推施工：在墩上临时设置顶推施工的滑道，在主梁顶推就位后，千斤顶顶起主梁，更换正式支座。

②使用与永久支座兼用的滑动支承顶推施工：将永久支座先安放在设计位置，在施工中将其改造成顶推滑道，当主梁就位后无须更换支座。可单点顶推，也可多点顶推。

（3）根据顶推方向分类

①单向顶推：将预制场设置在一端，主梁在预制场依次预制、逐段顶推到对岸。这是顶推施工方法中最基本、最常用的方法。

②双向顶推施工（简称双向顶推）：在桥梁的两端桥台后同时设置预制场，主梁从两个预制场同时预制、顶推，在跨中某处合龙。这种方法施工速度快，节省预应力筋，但须增加顶推设备投入。

2.顶推施工的临时措施

与其他施工方法一样，顶推施工也有一些临时设施，用以保证施工的顺利进行。

（1）横向导向装置

在桥墩（台）的两侧安置水平千斤顶，通过滑块顶在梁体下部，可以调整顶推过程中梁体的横向位置。横向导向装置一般设置在离开预制场的位置和梁体最前端跨桥墩上。

（2）减少施工内力的措施

在顶推施工过程中，结构体系不断转换，截面正负弯矩交替出现。为了减少施工内力，增加安全性，有时还设置导梁、临时墩、塔柱拉索系统、托架、斜拉索等临时措施。

导梁安装在主梁的前端，采用等截面或变截面的桁架或型钢梁的形式，底缘与主梁底齐平，可减少主梁负弯矩，并方便搭建下一桥墩。

临时墩搭建在两桥墩间，可减少顶推跨径，应具有足够的强度和刚度，常采用空心薄壁混凝土墩。

塔柱拉索系统设置在主梁前端，塔柱为钢结构，通过连接件与主梁铰接，塔柱下端设置竖向千斤顶，调整拉索在不同工况下的拉力。

墩旁托架依附墩身搭建，以减少顶推跨径和梁的内力。

斜拉索可以加固桥墩，减少桥墩的水平力。

在顶推施工过程中，须经过专门的设计计算确定结构构造，并应充分考虑动力系数和安全储备，从技术、安全、造价、工期等各方面综合比较，选择适合工程特点的临时措施。临时措施可单独使用或组合使用。

第三章　市政给排水工程施工技术

第一节　逆作法施工

逆作法施工是市政给排水工程中一种常用的施工技术，它主要适用于管道埋设深度较大、地质条件复杂、施工场地狭窄等情况。该方法具有施工速度快、占地面积小、对交通和环境的影响较小等优点。本节将详细介绍逆作法施工的原理、工艺流程、施工要点及其质量控制措施。

一、逆作法施工原理

逆作法施工的原理主要是利用地下水土压力和管道自身重力，将管道从地面向下逐节推进，直至达到设计埋设深度，在施工过程中，通过压缩土体和填充管道之间的空隙，使管道与土体紧密结合，形成稳定的支撑体系。

二、逆作法施工工艺流程

逆作法施工是一种在现有地下管线基础上，由下往上进行的施工方法。它主要适用于市政给排水管道工程，特别是城市中心区域、交通要道等无法进行大面积开挖的地区。逆作法施工的工艺流程如下：

（一）前期准备

在进行逆作法施工前，施工单位首先要对施工现场进行详细调查，了解地下管线的布置、规格、材质等信息；还要进行地质勘察，掌握地质条件，为施工提供依据；然后根据调查结果，编制施工方案和应急预案，并对施工人员进行技术交底和安全培训。

（二）施工平台搭建

根据现场实际情况，施工单位要搭建适合逆作法施工的施工平台。施工平台要求稳定、安全，能承受施工过程中的荷载。此外，还要设置临时设施，如施工办公室、材料堆放区、设备存放区等，确保施工现场整洁、有序。

（三）管道预制

相关单位应根据设计图纸，预制所需的给排水管道。预制管道应严格按照设计要求进行，确保管道质量。在预制过程中，要关注管道的接口，注意管道的防腐、保温等处理，以保证管道在使用过程中的稳定性、安全性和耐久性。

（四）管道安装

预制好的管道从应下往上安装。在安装过程中，要保证管道的位置、高程、坡度等参数符合设计要求。同时，要关注管道接口的焊接、密封等处理，确保管道连接牢固、无渗漏。

（五）检查与试验

在管道安装完成后，要对管道进行检查和试验，以确保管道系统的正常运行。检查内容包括管道的完整性、密封性、高程坡度等。试验主要包括管道冲洗、试压、试通等，以检验管道系统的稳定性和安全性。

（六）施工验收

施工验收是逆作法施工的最后阶段。验收的内容主要包括管道质量、工程量、施工安全等。只有当验收合格后，施工单位才可将工程移交给相关部门正式投入使用。

逆作法施工工艺流程涵盖了前期准备、施工平台搭建、管道预制、管道安装、检查与试验以及施工验收等环节。在整个施工过程中，相关单位或人员要严格把控各个环节，确保施工质量，为城市市政给排水工程提供安全、可靠的管道系统。

三、逆作法施工要点

（一）选择合适的管材

在市政给排水逆作法施工中，选择合适的管材是确保工程顺利进行的关键。管材的选择应根据工程地质条件、埋设深度、排水需求等因素综合考虑。常用的管材包括钢筋混凝土管、钢管等。下面将对这两种管材进行简要分析。

1.钢筋混凝土管

钢筋混凝土管在市政给排水工程中具有广泛的应用。钢筋混凝土管具有较高的抗压强度，能承受较大的地压力和内部水压力。钢筋混凝土管采用高性能混凝土制成，具有良好的耐久性，使用寿命较长。钢筋混凝土管采用预制生产，现场施工安装速度快，有利于缩短工程周期。钢筋混凝土管适用于土层较稳定、埋设深度较浅的市政给排水工程。

2.钢管

钢管在市政给排水工程中也有广泛应用。钢管具有较高的强度和刚度，能有效承受地压力和内部水压力。钢管之间采用焊接技术，密封性能好，不易发生渗漏现象。钢管可根据工程需要进行定制，适用于地质条件较复杂、埋设深度较深的市政给排水工程。

在市政给排水逆作法施工中，选择合适的管材至关重要。施工单位应根据工程地质条件、埋设深度等因素，结合各种管材的优缺点，选择合适的管材；同时，在施工过程中，还应注意管材的质量、连接方式、防腐措施等，确保工程质量和安全。

（二）确保管道连接质量

在市政给排水逆作法施工中，保证管道连接质量是至关重要的。为此，在施工过程中施工单位应采取各种措施，确保管道连接的密封性。

焊接是市政给排水管道连接中常用的一种方式。焊接质量的好坏直接影响到管道的使用寿命和泄漏风险。为确保焊接质量，施工人员应严格按照焊接工艺规程进行操作，对焊接接头进行充分的清理和打磨，以消除焊接缺陷。此外，在焊接后应及时进行冷却，以防止热应力引起的管道变形。

螺纹连接也是市政给排水管道连接中常用的一种方式。在螺纹连接过程中，施工人员应选择质量可靠的螺纹连接件，并确保连接处的清洁度。在螺纹连接前，应进行预紧，以消除连接件间的间隙。在连接完成后，还要进行二次紧固，以保证连接处的稳定性。

为确保管道连接的密封性，在施工过程中还应采用可靠的符合设计要求的密封材料，确保其性能参数满足工程需求。密封材料应具有良好的柔韧性和弹性，以适应管道连接处的变形。例如，橡胶密封圈、硅胶密封胶等，这些密封材料具有良好的耐压性和耐腐蚀性，能有效防止管道泄漏。此外，密封材料的安装应严格按照施工规程进行，确保密封效果。在密封材料施工完成后，应进行严格的检查，确保连接处无泄漏现象。

在市政给排水逆作法施工中，确保管道连接质量是关键。通过采用可靠的连接方式，如焊接、螺纹连接等，选用合适的密封材料，并在施工过程中严格遵循相关规程，可以有效提高管道的连接质量，延长管道的使用寿命；同时也有利于保障城市给排水系统的正常运行。

（三）控制土方回填质量

土方回填材料应具有一定的排水性、抗压性和耐久性。常用的回填材料有沙、碎石、矿渣等。回填材料应根据工程地质条件、排水管道材质和设计要求合理选用。同时，施工单位应根据工程特点、地质条件和管道布局，制定合适的回填方案。在制定回填方案时，应考虑土方回填的顺序、分层厚度、压实方法等因素，以确保填充密实。

回填施工应按照设计要求进行，遵循“先深后浅、先主体后附属”的原则。在回填过程中，施工人员应注意控制回填速度，避免对管道和结构造成不良影响。此外，要合理安排回填时间，避免在雨季等不良天气条件下进行施工。在土方回填后，应采用适当的压实方法以确保填充密实。常用的压实方法有机械压实、人工夯实等。在压实过程中，应注意控制压实遍数、压实速度和压实范围，以达到设计要求的密实度。

在施工过程中，相关人员应对土方回填质量进行检测和监控。常用的检测方法有密度试验、沉降观测等。施工人员应依据检测数据及时调整回填方案和施工方法，以确保填充质量。在土方回填过程中，施工人员应注意采取预防管道变形的措施，如：在回填区域设置警示标志，禁止重型车辆通行；对已安装的管道进行保护，避免在施工过程中受到损坏。

（四）设置合理的支撑系统

在市政给排水逆作法施工中，设置合理的支撑系统是至关重要的环节。支撑系统的稳定性和可靠性直接关系到施工的安全性、工程质量和进度。因此，在进行逆作法施工时，施工人员应根据施工条件精心设计和建设支撑系统。

1.支撑系统的设计

在设计支撑系统时，施工人员应充分考虑施工现场的地质条件、地下水位、工程规模、施工周期等因素。根据施工现场的地质条件，选择合适的支撑形式和材料，可以使支撑系统能够承受施工过程中的各种力和变形；设计合理的支撑结构，可以确保在施工过程中，工人和设备的安全得到有效保障。在保证安全的前提下，施工单位尽量选用经济性较高的材料和施工方法，降低工程成本；设计易于施工和拆除的支撑结构，以提高施工效率，减少施工中的安全风险。

2.支撑系统的施工与监控

在支撑系统施工过程中，施工人员应严格执行施工方案，确保施工质量。在施工前，施工单位要充分了解施工现场的地质、地下水位等条件，制定合理的施工方案，并对施工人员进行技术培训和安全教育；要按照设计图纸和相关规范，在施工过程中加强监督，确保支撑结构的质量和安全性。在施工过程中，施工单位要对支撑系统进行实时监测，及时发现并处理安全隐患，确保施工安全。在支撑系统拆除前，施工单位要进行安全性评估，确保拆除过程的安全。在支撑系统拆除过程中，施工人员要按照施工方案进行，避免对周围环境和设施造成影响。

3.支撑系统的维护与检查

为确保支撑系统的稳定性和可靠性，在施工后相关人员应加强维护与检查：定期检查支撑系统的结构状况，发现损坏或变形及时进行修复或更换；对支撑系统的连接部件进行检查，确保连接牢固可靠。

在市政给排水逆作法施工中，设置合理的支撑系统是确保施工安全、工程质量和进度的重要环节。对支撑系统进行精心设计、施工与监控，以及后期的维护与检查，可以有效降低施工风险，为市政给排水工程的顺利实施提供保障。

（五）进行严格的质量检查及问题整改

1.管道质量检查

在市政给排水逆作法施工过程中，对管道质量的检查至关重要。在施工前，施工人员要对采购的管道材料进行严格验收，确保管道材料的质量、规格和性能符合设计要求；对焊接完成的管道进行焊接质量检查，确保焊接牢固，无砂眼、裂缝等质量问题；对管道进行防腐处理，检查防腐层的均匀性、厚度及质量，确保防腐效果满足设计要求。

2.连接性能检查

连接性能是管道系统正常运行的关键。在施工过程中施工人员须对连接部位进行检查，确保连接方式，如焊接、螺纹连接、法兰连接等符合设计要求。连接部位应牢固可靠，避免施工过程中由连接松动导致的泄漏等质量问题。对采用密封材料的连接部位进行检查，应确保密封性能良好，防止渗漏。

3.支撑系统检查

支撑系统在市政给排水逆作法施工中起着至关重要的作用。在施工过程中施工人员应对支撑系统进行检查，确保支撑结构的稳定性和承载力满足设计要求。支撑安装应牢固，与管道连接紧密，避免支撑系统出现问题。支撑间距应符合设计要求，确保管道在施工和使用过程中安全稳定。

4.问题整改

在质量检查过程中，如发现存在问题，应及时进行整改，对于存在质量问题，如材料不合格、焊接质量差等的管道，应立即更换、重新焊接，确保管道质量；对于连接性能问题，如连接松动、密封性能差等，应及时加固连接、更换密封材料，保证连接性能；对于支撑系统问题，如支撑不稳定、间距不符合要求等，应重新安装支撑、调整支撑间距，确保支撑系统安全稳定。

在市政给排水逆作法施工过程中，严格质量检查及问题整改对保证工程质量具有重要意义。只有通过全方位的质量检查，及时发现并整改问题，才能确保市政给排水工程的施工质量。

四、逆作法施工质量控制措施

（一）制定完善的施工方案

在市政给排水逆作法施工中，制定完善的施工方案是确保施工质量的基础。在制定施工方案前，首先，施工单位要对施工现场进行全面了解，包括地下管线、地质条件、交通状况等。这有助于避免在施工过程中出现麻烦，如损坏地下管线、影响交通等。其次，施工单位要根据施工现场实际情况，设计合理的施工图纸，明确管线走向、施工顺序、施工方法等。施工图纸应具有可操作性、合理性和科学性，以便指导施工。最后，施工单位要根据国家相关规范和标准，明确施工技术要求，包括材料、设备、工艺等。此外，还要充分考虑施工现场的实际情况，制定合适的施工技术措施，并针对施工现场的特点，制定相应的安全防护措施，包括人员安全、设备安全、环境保护等，确保施工过程中的人员和设备安全。接下来，施工单位就可以根据施工图纸、技术要求和安全防护措施，编制施工组织设计，明确各施工阶段的任务。在完成施工方案的制定工作后，应提交相关部门进行审批。在审批通过后，施工方案将成为整个施工过程的指导性文件。

（二）加强施工培训

为确保市政给排水逆作法施工质量，施工单位应加强施工培训，即针对施工方案、施工技术要求、安全防护措施等内容，对施工人员进行全面培训。培训内容应具有针对性、实用性和可操作性；培训应采用多种培训方式，如专题讲座、现场示范、模拟操作等；培训应注重互动性和实践性，保证培训效果。在施工前，施工单位应安排足够时间的培训，确保施工人员充分掌握培训内容。同时，在施工过程中，针对新技术、新工艺等，施工单位应及时进行补充培训。通过对培训效果进行评估，施工单位可以了解施工人员对培训内容的掌握程度。然后依据评估结果，施工单位应调整培训内容和方式，以增强培训效果。此外，施工单位应建立激励机制，鼓励施工人员积极参加培训，如通过考核奖励等方式，提高施工人员学习的积极性和主动性。施工单位还要对施工人员的培训情况进行记录，建立培训档案。培训档案应包括培训时间、培训内容、培训方式、培训效果等。

（三）严格材料验收

在市政给排水逆作法施工中，材料的质量对工程的整体质量具有重要影响。因此，严格材料验收是确保施工质量的关键环节。验收人员需要熟悉并遵循相关的国家法律法规、行业标准和地方规范，对采购的原材料进行全面检查，包括产品合格证、生产日期、保质期、供应商信誉等，以确保验收工作的科学性和准确性。对于不合格的原材料，应坚决拒绝使用，确保工程质量。在材料验收过程中，验收人员要对原材料进行现场抽检，确保其质量符合设计要求和施工规范。抽检内容包括材料的物理性能、化学成分、规格尺寸等。在验收过程中，应做好验收记录，并对合格材料进行归档，以便日后查询和追溯。同时，对不合格材料的处理过程也要进行记录，以便分析问题，提出改进措施。

（四）建立健全质量检查制度

建立健全质量检查制度是市政给排水逆作法施工质量控制的重要手段。施工单位应设立专门的质监部门，负责施工现场的质量检查工作。质监部门应具备完善的组织架构和明确的职责分工，确保质量检查工作的顺利进行。质量检查应包括对施工工艺、工程质量、材料设备等的检查。质监部门要根据工程进度和施工特点，合理安排检查频率，确保施工现场质量处于受控状态；在关键节点和重要工序施工前，要进行专项质量检查；对质量检查中发现的问题，应制定整改措施，并督促施工班组及时整改；对于重大质量问题，要进行追溯，分析原因，并采取相应的处罚措施。

（五）加强施工现场管理

加强施工现场管理的具体内容如下：加强施工现场人员管理，确保施工人员具备相应的岗位资格证书，并对施工人员进行定期培训，提高其技能水平，增强其质量意识；对施工工艺进行严格控制，确保施工遵循设计要求和施工规范；对于关键工序和节点，要采取有效的质量控制措施，确保施工质量；加强施工现场的设备与材料管理，确保设备性能良好、材料质量合格；合理堆放材料，避免材料受损或污染；强化施工现场的安全生产管理，落实安全生产责任制，严格执行安全操作规程，确保施工现场安全；严格执行环保法规，做好噪声、废水、废气等污染物的治理工作，保护环境。

第二节　预应力构筑物施工

预应力构筑物施工是市政给排水工程中一个重要的环节，它关系到整个工程的安全、稳定和可持续发展。本节将详细阐述预应力构筑物施工的关键环节、注意事项及质量控制措施。

一、预应力构筑物施工关键环节

（一）预应力张拉

预应力张拉是预应力构筑物施工的关键环节，它通过在混凝土结构中施加预应力，使结构在受力过程中具有更好的抗弯曲性能和抗裂性能。预应力张拉的关键包括预应力钢束的加工、张拉设备的选择、张拉过程的控制以及张拉后的锚固等方面。

1.预应力钢束的加工

预应力钢束的加工质量直接影响到张拉效果和结构的安全性能。在加工过程中，加工人员应严格按照设计要求选择预应力钢材的品种、规格和直径。同时，预应力钢束的表面应光滑、无毛刺和油污等，以确保钢束与锚具的顺利连接。在加工完成后，相关人员应对预应力钢束进行质量检查，确保其符合施工要求。

2.张拉设备的选择

张拉设备的选择对预应力张拉的效果至关重要。目前市面上的张拉设备主要有液压拉伸机、电动高压油泵等。在选择设备时，施工单位应考虑设备的性能、稳定性、操作简便性等因素；同时，还应定期对张拉设备进行校验和维护，确保设备在施工过程中正常运行。

3.张拉过程的控制

张拉过程的控制是预应力张拉的关键环节。在张拉过程中，施工人员应严格按照预应力张拉的施工工艺进行操作：首先，要确定张拉力的大小，确保张拉力符合设计要求；其次，要控制张拉速度，避免过快或过慢导致预应力钢束的损坏；最后，要定期检查张拉设备的工作状态，确保设备运行正常。

4.张拉后的锚固

张拉后的锚固是预应力张拉的最后一步，也是保证结构安全的关键。在锚固过程中，施工人员应严格按照设计要求进行锚固，确保预应力钢束与锚具的牢固连接；同时，应对锚固后的预应力钢束进行防腐处理，以延长结构的使用寿命。

预应力张拉是预应力构筑物施工的关键，施工单位应掌握预应力张拉的要点，确保张拉质量。严格的质量控制、对张拉设备和工艺的合理选择，以及精细的锚固处理，可以提高预应力构筑物的安全性能和使用寿命。

（二）预应力锚固

预应力锚固是预应力构筑物施工的关键环节之一，它直接影响着预应力构筑物的稳定性和安全性。预应力锚固的技术要点主要包括以下几个方面：

1.选用合适的锚具

锚具的选择至关重要。锚具应具有足够的承载能力、良好的抗疲劳性和耐久性。在选用锚具时，施工人员应根据预应力筋的规格、混凝土的强度、张拉力的大小等因素进行综合考虑。常用的锚具有钢质锚具、铝质锚具、碳纤维锚具等。

2.确定锚固长度

确定合理的锚固长度是保证锚固效果的关键。锚固长度的计算应根据预应力筋的抗拉强度、锚具的承载能力、安全系数等因素进行。同时，锚固长度还应满足相关规范中有关最小锚固长度的要求。

3.控制锚固应力

锚固应力的控制是确保预应力构件稳定的重要因素。在施工过程中，施工人员应根据设计要求和张拉力的大小，合理控制锚固过程中的应力分布，避免出现应力集中现象；还应注意监测锚固过程中的应力变化，以确保锚固效果满足设计要求。

4.注意锚固处的混凝土质量

锚固处的混凝土质量对锚固效果具有重要影响。在施工过程中，施工人员应采取措施保证混凝土的浇筑质量，如选用高品质的混凝土原材料、合理设计混凝土的配合比、严格控制混凝土的浇筑工艺等；在锚固前，还要对混凝土表面进行处理，以提高锚固件与混凝土的黏结性能。

（三）预应力混凝土浇筑

预应力混凝土浇筑也是预应力构筑物施工的关键环节，其技术要点包括：选用优质原材料、合理设计配合比、严格控制浇筑工艺、及时养护和防止裂缝产生。

1.选用优质原材料

预应力混凝土的原材料对其性能和质量具有重要影响，应选用质量优良的水泥、骨料、钢筋、防冻剂等材料。水泥应强度稳定、收缩性低、抗渗性好；骨料应质地坚硬、粒径适中、级配良好；钢筋应满足强度和抗震性能要求；防冻剂应根据工程所在地气候条件进行选择。

2.合理设计配合比

配合比设计是保证预应力混凝土性能的关键，应充分考虑水泥用量、水灰比、骨料比例、外加剂等因素，使混凝土具备良好的和易性、强度、抗渗性和抗裂性。

3.严格控制浇筑工艺

浇筑工艺对混凝土质量具有重要影响。在施工过程中，施工人员应严格遵循预应力混凝土浇筑工艺要求。首先，在浇筑前应进行模板检查，确保模板结构牢固、尺寸准确、无渗漏；其次，应采用连续浇筑方式，以减少浇筑接缝；最后，在浇筑过程中，应注意振捣充分，以保证混凝土密实。

4.及时养护和防止裂缝产生

在浇筑完成后，施工人员应及时进行养护，确保混凝土充分水化。养护方法包括湿润养护、覆盖养护和温度控制。此外，为防止裂缝产生，施工人员应在混凝土浇筑过程中控制温度变化，避免过度收缩和应力集中；还应注意调整混凝土收缩应力，减小裂缝产生的可能性。

二、预应力构筑物施工注意事项

（一）确保施工安全

在预应力构筑物施工过程中，确保施工安全至关重要。在施工前，施工单位要编制详细的施工组织设计和施工方案，明确各工序的操作要点和注意事项；要对施工人员进行专门的安全培训，使其熟悉预应力构筑物的施工工艺和安全操作规程。在施工过程中，施工单位要严格按照施工方案进行，确保各环节安全可控。对于特殊工种，如高空作业工种等，实行持证上岗制度。在施工现场，要设置明显的安全标志，提醒施工人员注意安全；在高风险作业区域还要设置警戒线，确保无关人员不得进入。对于高处作业，须采取相应的安全防护措施，如佩戴安全带、张挂安全网等。在施工过程中，要避免交叉作业，确保各工种之间的安全距离。施工单位要对施工中所使用的机械设备进行定期检查、维护和保养，确保设备性能良好。操作人员应熟悉设备性能和操作规程，避免操作不当导致的意外事故。在施工过程中，施工人员要注意防火防爆，对易燃、易爆物品进行妥善存放和管理。施工现场应配备消防器材，定期进行消防演练。针对施工现场可能发生的安全事故，施工单位要制定应急预案，确保在突发情况下能够迅速启动应急响应，减少安全事故损失。

（二）保护环境

在预应力构筑物施工过程中，环境保护同样具有重要意义。在施工过程中，施工单位要全面贯彻绿色施工理念，提高施工人员的环保意识，减少施工对环境的影响。具体措施如下：采用低噪声施工工艺和设备，对施工现场进行围挡，减少噪声和粉尘对周边环境的影响；对施工现场产生的废水进行处理，确保排放符合国家和地方环保要求；实行垃圾分类收集和处理，加强对建筑垃圾的管理；优化施工方案，提高施工过程中的能源利用率，降低能源消耗；采用节能照明设备，提高用电效率。此外，在施工过程中，要尽量避免对周边植被的破坏。对于受影响的植被，应及时进行恢复和补种。相关单位要定期对施工现场的环境指标进行监测，将施工过程中的环境污染控制在规定范围内。

（三）文明施工

文明施工是预应力构筑物施工过程中不可或缺的一环，它不仅关系到工程质量，还直接影响到施工安全、环境保护及工程形象。施工人员在进入施工现场前，必须接受施工安全、消防知识的教育和考核，考核不合格的禁止进入施工现场参加施工。施工人员在进入施工现场时必须戴好安全帽，系好帽带，并正确使用个人劳动防护用品。施工人员要严格执行操作规程，不得违章指挥和违章作业，对违章作业的指令有权拒绝并有责任制止他人违章作业。施工人员不许私自用火，严禁酒后作业；穿拖鞋、高跟鞋，赤脚或赤膊不准进入施工现场；穿硬底鞋不得进行登高作业；在高空、钢筋结构上作业时，一定要穿防滑鞋。施工现场用电，一定要有专人管理，同时设专用配电箱，严禁乱接乱拉；要采取用电挂牌制度，尤其杜绝违章用电，防止人身、线路、设备事故的发生。电钻、电锤、电焊机等电动机具用电的配电箱必须有漏电保护装置和良好的接地保护地线。必须定期检查所有电动机具和线缆，保持绝缘良好。在使用电动机具时，施工人员应穿绝缘鞋，戴绝缘手套。工地施工照明用电，要确保充足、安全。夜间施工要有明显的警示标志，确保施工现场的照明条件。要保持施工现场整洁，定期清理垃圾，做好环境保护工作。要加强施工现场的安全管理，严禁非施工人员进入施工现场。

（四）实行质量终身责任制

质量终身责任制是预应力构筑物施工中一项重要的管理制度，对于确保工程质量、安全及环保具有重要意义。项目负责人、技术人员、施工人员等各岗位人员要对施工过程中的质量负责。施工单位要严格执行国家有关法律法规、规范和标准，确保工程质量符合相关要求；做好施工技术交底，明确质量要求、施工工艺和验收标准；加强施工过程中的质量检查和监控，及时发现并整改质量问题；建立质量档案，保存施工过程中的各项质量记录，以备查验；对施工过程中出现的质量事故，要积极开展调查分析，找出原因，制定整改措施，并严肃处理相关责任人；定期对施工人员进行质量教育和培训，提高其质量意识，提升其施工技能；积极采用新技术、新工艺、新材料，提高工程质量；建立质量终身责任制，对施工过程中的质量问题进行追溯，确保工程质量和安全。

预应力构筑物施工是市政给排水工程中的重要环节。通过合理运用关键技术、了解注意事项、掌握质量控制要点，可以确保市政给排水工程中的预应力构筑物施工的质量和安全，为城市的发展贡献力量。

三、预应力构筑物施工质量控制措施

（一）严格把控原材料质量

在预应力构筑物施工中，原材料的质量对工程质量具有重要影响。在选购原材料时，施工单位应根据设计要求选择符合国家标准的材料。对于采购的原材料，施工单位应进行严格的检测，确保其质量满足设计要求。检测内容包括力学性能、抗渗性能、收缩性能等。对于检测结果不合格的原材料，应立即退货，严禁使用。在施工过程中，施工单位应对原材料进行妥善储存和养护，避免材料受到污染或损坏。例如，水泥应存放在干燥、通风的地方，避免受潮；钢筋应分类存放，防止生锈。在运输和安装过程中，施工单位应采取措施保护原材料，避免损坏。例如，在运输混凝土预制构件的过程中要保证平稳，避免剧烈震动；在焊接钢筋时要严格按照操作规程进行，确保焊接质量。

（二）严格施工工艺要求

在施工前，施工单位应根据设计图纸和相关规范，编制详细的施工方案，明确施工工艺流程。在施工过程中，施工人员应严格按照施工方案进行操作。在施工过程中，质量控制是关键。施工单位应建立健全质量管理体系，对施工过程中的各个环节进行严格监控。例如：在浇筑混凝土时要保证振捣充分，防止产生蜂窝、麻面；在焊接钢筋时要控制好焊接温度，防止出现焊缝质量问题。施工设备是施工质量的重要保障。在选用设备时，施工单位应选择性能稳定、可靠的设备；并定期对设备进行维护和检查，确保设备正常运行。在施工过程中，安全文明施工至关重要。施工人员应严格执行安全操作规程，避免安全事故的发生。

（三）加强施工现场管理

施工方案是预应力构筑物施工的指导纲领，严格执行施工方案可以确保施工过程顺利进行。施工单位应确保施工人员了解和熟悉施工方案，并对施工过程中的关键工序、质量控制要点进行重点监控。对于不符合施工方案的行为，应及时予以纠正，确保施工质量。施工单位应重视人员培训，提高施工人员的安全意识和技能水平。要针对预应力构筑物施工的特点，对施工人员进行专项技能培训，确保施工人员掌握正确的施工方法；同时，要加强安全教育培训，提高施工人员的安全意识，避免安全事故的发生。物料和设备是预应力构筑物施工的基础，加强物料与设备的管理对保证施工质量具有重要意义。施工单位应确保物料的质量和供应，对进场的物料进行严格验收，防止不合格物料进入施工现场。此外，对施工设备进行定期检查和维护，确保设备性能良好，有助于提高施工效率。施工现场环境对施工质量有一定影响。施工单位应关注施工环境，对施工现场进行定期卫生检查，加强对垃圾、废弃物的管理，确保施工现场清洁、整齐。

（四）定期检查和验收

定期检查和验收是预应力构筑物施工质量控制的重要手段。通过检查和验收，施工单位可以及时发现施工过程中存在的问题，以便采取有效措施进行整改，确保施工质量。定期检查内容主要包括：施工过程的合规性、施工质量是否符合设计要求、施工安全措施落实情况等。在检查过程中，相关人员要重点关注施工过程中的质量控制要点、关键工序和易出现问题的地方。相关人员要根据施工进度和实际情况，合理安排检查频率。在施工关键阶段、重要工序完成后要进行重点检查，确保施工质量。验收程序分为中间验收和竣工验收。中间验收主要是对施工过程中的关键节点进行检查，确保各节点质量符合要求。竣工验收是对整个工程质量的全面检查，包括结构安全、使用功能、观感质量等。在验收合格后，施工人员方可进行下一阶段施工。对于检查和验收中发现的问题，相关人员要及时向施工单位反馈，并提出整改要求。施工单位应按照要求进行整改，并提交整改报告。同时，施工单位要对整改情况进行跟踪管理，确保问题得到切实解决。

第三节　沉井施工

沉井施工是市政给排水工程一种重要的施工技术，主要适用于地下建筑物。沉井施工具有不影响地面交通、对周围环境影响较小、施工方法简单等优点。本节将对沉井施工进行详细介绍，包括沉井施工原理、沉井类型、沉井施工工艺流程、沉井施工质量控制等方面。

一、沉井施工原理及类型

（一）施工原理

沉井施工主要是通过挖掘土方，使沉井在自重作用下逐渐下沉到设计位置。在下沉过程中，通过控制沉井的倾斜、位移、高差等参数，施工人员可以确保沉井的稳定和安全。

（二）沉井类型

1.按制造材料分类

（1）混凝土沉井

因混凝土抗压强度高、抗拉强度低，混凝土沉井多做成圆形，以使混凝土沉井主要承受压应力。当井壁较厚，下沉不深时，也可做成矩形。混凝土沉井一般仅适用于下沉深度不大（4～7 m）的松软土层。在预制混凝土沉井施工过程中，要遵循设计要求，在混凝土强度达到设计强度等级后，方可拆除模板或浇筑后节混凝土。

（2）钢沉井

钢沉井是由钢材制作的沉井，其强度高、质量轻、易于拼装，但用钢量大，成本较高，国内较少采用。

（3）钢筋混凝土沉井

钢筋混凝土沉井抗压及抗拉强度高、下沉深度大（可达数十米），是工程中最常用的沉井。

（4）竹筋混凝土沉井

沉井承受拉力主要在下沉阶段，当施工完毕后，沉井中的钢筋不再起作用，因此可以用一种抗拉强度高而耐久性差的竹筋来代替钢筋，以节省钢材。

（5）其他材料沉井

根据工程条件，木筋混凝土沉井、木沉井和砌石圬工沉井等也可选用。

2.按沉井的平面形状分类

沉井按平面形状可以分为圆形沉井、矩形沉井和圆端形沉井 3 种。

（1）圆形沉井

圆形沉井多用于斜交桥或水流方向不定的桥墩基础，可以减小水流冲击力和局部冲刷。在水压力、土压力作用下，井壁仅承受周边轴向压力，即使侧压力分布不均匀，弯曲应力也不大，所以多用无筋或少筋混凝土做成圆形；而且圆形沉井比较便于机械挖土，在下沉过程中易于控制方向，不易倾斜。但圆形沉井基底压力的最大值比同面积的矩形要大，当上部墩身为矩形或圆端形时，会使得一部分基础圬工不能充分发挥作用。

（2）矩形沉井

矩形沉井制造方便、受力均匀，能充分利用地基承载力，与矩形墩台相配合，可节省基础圬工和挖土数量；但在侧压力作用下，井壁会受到较大的挠曲力矩。为了减小井壁弯曲应力，可在沉井内设置隔墙，减小受挠跨度，把沉井分成多孔，并把四角做成圆角或钝角，以减小井壁摩擦阻力。另外，矩形沉井在流水中阻力系数较大，受到的冲刷较严重。

（3）圆端形沉井

圆端形沉井在控制下沉、受力、阻水冲刷等方面均较矩形沉井有利，但施工较为复杂。

对于平面尺寸较大的沉井，可在沉井中设隔墙，构成双孔或多孔沉井，以改善井壁受力条件及均匀取土下沉。

3.按沉井的立面形状分类

（1）柱形沉井

柱形沉井受周围土体约束较均衡，在下沉过程中对周围土体扰动较小，可减少土体的坍塌，不易发生倾斜，且井壁接长较简单，模板可重复利用；但井壁侧阻力较大，当土体密实，下沉深度较大时，易出现下部悬空，造成井壁拉裂。故柱形沉井一般用于土质较松软或入土深度不大的情况。

（2）阶梯形沉井

鉴于沉井所承受的土压力与水压力均随深度增大而增大，为了合理利用材料，可将沉井的井壁随深度变化分为几段，做成阶梯形。下部井壁厚度大，上部井壁厚度小，因此这种沉井外壁所受的摩擦阻力较小，有利于下沉。缺点是施工较复杂，消耗模板多，同时在沉井下沉过程中容易发生倾斜。阶梯形沉井的阶梯宽度为 100～200 mm。

（3）锥形沉井

锥形沉井可以减小土与井壁的摩擦阻力，故在土质较密实、沉井下沉深度大、要求在不大量增加沉井本身重量的情况下沉至设计标高时，可采用此类沉井。锥形沉井井壁坡度一般为1/40～1/20。外壁倾斜式沉井同样可以减小下沉时井壁外侧土的阻力，但这类沉井具有下沉不稳定、制造较为困难等缺点，故较少使用。

不同类型的沉井具有各自的优点和特点，在施工过程中施工人员需要根据实际情况选择合适的沉井类型，并严格按照设计要求和施工规范施工，以确保沉井施工的质量和安全。

二、沉井施工工艺流程

（一）前期准备

1.施工方案编制

施工方案编制是沉井施工前期准备的重要环节。在这一阶段，施工单位需要根据工程的具体情况，编制详细的施工组织设计、施工计划、施工技术措施。施工方案应涵盖沉井制作、下沉、封底等各个施工环节，并从质量、安全、环保等方面对施工过程进行全面分析和评估。此外，施工单位还应针对工程特点和周边环境状况，制定相应的应急预案。

施工单位要根据工程设计要求，选择合适的沉井制作方法，如预制或现场浇筑；并针对不同的制作方法，制定相应的技术措施，确保沉井制作的质量和进度。施工单位要分析工程地质条件、地下水位、周边环境等因素，选择合适的下沉方法，如排水下沉、加重下沉等；同时，制定相应的安全措施，确保沉井下沉过程的安全稳定。施工单位要根据工程设计要求，选择合适的封底方法，如现浇混凝土封底、预制混凝土封底等；并针对不同的封底方法，制定相应的技术措施，确保封底质量。施工单位要制定施工质量控制措施，对施工过程中的关键环节进行监控，确保沉井施工质量符合设计要求。施工单位要分析施工现场的安全风险，制定相应的安全防护措施，如基坑周边防护、高处作业防护等。

2.施工现场布置

施工现场布置是确保施工顺利进行的关键环节。在这一阶段，施工单位需要根据施工方案和施工现场具体情况，进行合理的人员、设备、材料等资源配置；要选择合适的施工场地，保证有足够的作业空间；要考虑场地周边的交通、排水、供电等条件，确保施工顺利进行；要根据施工现场需求，设置临时办公室、宿舍、食堂、材料库等设施，满足施工人员的生活和工作需求；要根据施工方案要求，配置合适的施工设备，如挖掘机、吊车、泵车等，同时确保设备的完好率、使用率，提高施工效率。

3.材料采购

材料采购是保证施工质量与进度的重要环节。在这一阶段，施工单位需要根据施工计划和工程设计要求，采购合格的建筑材料；要采购符合国家标准的钢筋，并保证其强度和焊接性能；要根据工程需求，合理选择钢筋规格、长度和数量；要采购符合国家标准的硅酸盐水泥，确保水泥的强度、稠度和稳定性；要采购符合设计要求的混凝土，保证混凝土的强度、抗渗性能和耐久性；要根据施工需求，采购其他辅助材料，如防水材料、保温材料、防腐材料等。

（二）沉井预制

1.制作模板

沉井预制的第一步是制作模板。模板是用来保证混凝土浇筑成型的关键，应具有足够的强度和稳定性。常见的模板材料包括木材、钢板、塑料等。应根据沉井的设计尺寸制作模板，保证其内外尺寸精确。模板应具有良好的结构稳定性，能承受混凝土浇筑过程中的压力。模板之间应采用可靠的连接方式，确保模板的整体稳定性。模板表面应进行防水处理，防止在混凝土浇筑过程中出现漏浆现象。

2.浇筑混凝土

浇筑混凝土是沉井预制的重要环节。混凝土应具备良好的流动性和耐久性，并具有一定的抗压强度。施工人员要根据设计要求，选择合适的混凝土配比，确保混凝土的性能；要从沉井的底部开始浇筑，逐渐向上，以保证混凝土的填充密实；要采用振动器捣实混凝土，排除混凝土中的气泡和空隙；在混凝土浇筑完成后，要及时进行养护，以保证混凝土的强度发展。

3.安装钢筋

沉井预制的另一个重要环节是安装钢筋。钢筋是承受混凝土收缩和变形的主要构件，会影响沉井的稳定性和耐久性。施工人员要根据设计要求选择合适的钢筋规格和数量，采用可靠的连接方式，如焊接、绑扎等，确保钢筋连接的牢固性；要合理布置钢筋，保证钢筋之间的距离和保护层厚度；在混凝土浇筑前，要对钢筋进行保护，防止钢筋在施工过程中受到损坏。

在沉井预制过程中，制作模板、浇筑混凝土和安装钢筋是三个关键环节。只有确保这三个环节的质量，才能保证沉井施工顺利进行。

（三）沉井下沉

1.开挖土方

沉井下沉的第一步是开挖土方。施工人员要根据沉井的规模、形状、尺寸和深度，以及周围环境条件，确定开挖土方的范围和深度。在开挖过程中，应确保周围土体的稳定性，避免土方开挖不当导致的沉井倾斜或塌方等安全事故。挖出的土方应及时外运，以免堆放在沉井附近，影响沉井下沉。

2.下沉控制

下沉控制是沉井施工的关键环节。在下沉过程中，施工人员应确保沉井平稳、均衡、缓慢地下沉，一旦发现沉井偏斜，应及时采取措施调整开挖顺序和方式；在下沉过程中，应对沉井的标高、轴线位移等进行实时监控测量，至少每班测量一次，并在每次下沉稳定后进行高差和中心位移量的计算；在终沉阶段，应每小时测量一次，严格控制超沉现象，确保在沉井封底前自沉速率小于10 mm/8 h。如发生异常情况，则应加密量测。对于大型沉井，还应进行结构变形和裂缝观测。

3.排水及填充

在沉井下沉过程中，施工人员应设置有效的排水系统。排水系统可采用天然排水法或强制排水法，应根据施工现场的具体情况进行选择。在排水过程中，施工人员应注意观测排水效果，及时调整排水方案，确保沉井下沉的稳定性。在沉井下沉至设计高程后，须进行填充。填充材料有碎石、沙等。在填充过程中，应确保填充物的均匀性和密实性。在填充完成后，须对沉井进行封闭处理，确保沉井结构的安全和稳定。

在沉井下沉过程中，施工人员应通过严格的施工管理和技术控制，确保沉井施工的安全、质量和进度。

（四）沉井接高及管道安装

1.沉井接高

在沉井接高前，施工单位应根据设计图纸，准备相应的施工材料和设备，如钢材、混凝土、模板等；同时，对施工人员进行技术培训和安全教育。沉井接高的具体流程如下：第一，对沉井基础进行清理，确保接高部分的稳定性；第二，进行钢筋混凝土沉井接高的施工，搭设钢筋混凝土模板，保证接高的准确度；第三，按照设计图纸，对钢筋进行加工，包括主筋、箍筋和加强筋；第四，将加工好的钢筋安装到模板上，固定好位置；第五，在模板内浇筑混凝土，并振捣，保证混凝土的密实度；第六，在混凝土浇筑完成后，按照规范要求进行拆模和养护，确保混凝土的强度和稳定性。

2.管道安装

管道安装是指在沉井接高完成后，进行排水、给水、燃气等管道的施工。在管道安装前，施工单位应根据设计图纸，准备相应的管道材料、连接件和安装设备，如热熔机、电钻等。在沉井内部进行管道铺设，须注意保持管道的水平度和坡度。对于埋地管道，要保证管顶覆盖厚度不小于 0.5 米。施工人员应采用热熔连接、螺纹连接或其他合适的方式将管道连接成完整的系统，并确保连接处的密封性，防止渗漏。在管道安装完成后，施工人员应进行管道系统的检查和试压，确保管道无渗漏，满足使用要求；然后根据设计图纸，安装阀门、排水井等附属设施，保证管道的正常运行。在管道安装完成后，相关人员应进行施工验收，确保管道安装质量满足设计要求。

（五）沉井封底及回填

1.沉井封底

沉井封底是沉井施工的重要环节，其质量直接影响到沉井的稳定性和使用寿命。在封底前，施工人员应先对沉井内部进行清理，排除内部积水、淤泥等杂物。封底混凝土应采用泵送或吊装等方式进行浇筑，确保混凝土充满整个沉井内部。封底混凝土的强度等级应符合设计要求，一般应不低于 C30。在封底混凝土浇筑过程中，施工人员应严格控制浇筑速度，避免浇筑过快导致的混凝土裂缝等质量问题的产生。在封底混凝土浇筑完成后，施工人员应及时进行养护，以确保混凝土强度的发展。

2.回填

回填是沉井施工的最后阶段，回填质量对沉井的稳定性和使用寿命也有重要影响。在回填前，施工人员应清理基坑底部的杂物，确保基底干净。回填应采用符合设计要求的土料，并将土的含水率控制在最优含水量范围内。回填土应分层铺填，每层的厚度根据土壤类型和夯实方式确定。例如，沙质土不大于 300 mm，黏性土为 200 mm，土块粒径不大于 50 mm。在回填过程中，施工人员应确保土层均匀铺设，避免出现局部厚度过大或过小的情况。在回填土夯实后，施工人员应进行排水设施的设置，以保证排水畅通，避免沉井内部积水。在回填土达到设计标高后，施工人员应进行表面平整和压实，以保证表面平整度和压实度满足设计要求。

沉井封底及回填是沉井施工的重要环节，应严格按照设计要求和规范进行，以确保沉井的稳定性和使用寿命。同时，在施工过程中施工人员要加强质量监控，及时发现和解决问题，保证工程质量。

三、沉井施工质量控制

（一）沉井预制质量控制

沉井预制质量控制是确保沉井施工质量的关键环节，主要包括混凝土配料控制、模板制作质量控制以及沉井混凝土养护控制。施工单位通过严格把控这三个环节，可以为整个工程项目的顺利推进奠定基础。

1.混凝土配料控制

混凝土配料控制是保证沉井混凝土强度和耐久性的基础。在施工过程中，相关人员应严格按照设计要求进行混凝土配料，确保水泥用量、骨料配比、水灰比等参数符合规定；应对原材料进行严格检测，严禁使用不合格的原材料；在混凝土搅拌过程中，应控制搅拌时间、搅拌速度以及搅拌的均匀程度，以保证混凝土的质量和性能。

2.模板制作质量控制

在模板制作过程中，制作人员应选择合适的模板材料，确保模板的强度、稳定性和耐久性。模板的制作精度应符合规范要求，为此制作人员应对其平面尺寸、垂直度、平整度等指标进行严格控制。此外，模板的安装和拆除也应严格遵循操作规程，避免损坏模板或使模板变形。

3.沉井混凝土养护控制

混凝土养护有利于提高混凝土强度、增强混凝土抗渗性能。在沉井混凝土浇筑完成后，应立即进行养护。

（二）沉井下沉质量控制

1.严格遵循施工方案，控制沉井下沉速度和倾斜度

沉井下沉速度和倾斜度的控制是沉井下沉质量控制的关键。严格按照施工方案进行操作，可确保沉井下沉的安全和稳定。在施工过程中，施工人员应根据事先制定的下沉速度和倾斜度控制原则进行调整。一般情况下，下沉速度不宜过快，以免造成土体破坏，对周边环境造成较大影响。同时，施工人员要密切关注沉井的倾斜度，及时调整使其保持稳定。

2.及时调整排水及填充措施，保证沉井稳定下沉

在沉井下沉过程中，排水和填充措施的及时调整对保证沉井稳定下沉至关重要。在施工过程中，施工人员要根据实际情况和监测数据，灵活调整排水和填充策略。例如，在遇到地下水位较高的情况时，应采取增加排水设备、提高排水效率等措施，以保证沉井下沉的稳定性。此外，填充措施也要根据施工条件和土壤特性进行调整，填充材料应具备良好的排水性和稳定性。

3.加强监测，发现异常情况及时处理

沉井下沉过程中的监测是确保施工质量的重要手段。在施工过程中，施工单位应建立健全监测体系，对沉井的下沉速度、倾斜度、周围土体变形等方面进行实时监测。一旦发现异常情况，如下沉速度过快、倾斜度超出规定范围等，应及时分析原因并采取相应措施进行处理。此外，还要注意监测周边环境的变化，如地面沉降、建筑物变形等，以确保施工安全。

沉井下沉质量控制是沉井施工过程中的一项重要任务。通过严格遵循施工方案、及时调整排水及填充措施以及加强监测，施工人员可以保证沉井施工的安全、稳定和高质量。在实际施工过程中，施工人员应根据具体情况，灵活运用这些控制要点，以提高沉井施工的整体质量。

（三）沉井接高及管道安装质量控制

在沉井施工过程中，沉井接高及管道安装质量控制是沉井施工质量控制的

重要内容。只有确保沉井接高和管道安装的质量，才能保证整个工程的安全、稳定和高效运行。沉井接高及管道安装质量控制的要点如下：

1.确保沉井接高质量，保证管道连续性和稳定性

为确保沉井接高的质量，施工人员首先要严格按照设计图纸和施工规范进行施工。在施工过程中，施工人员要密切关注沉井接高的垂直度、平整度和高程等方面的指标，确保各项参数符合规定要求；要及时进行测量和校正，确保沉井接高的准确度。要选用质量优良、强度足够的接高材料，确保沉井接高的耐久性；要加强接高过程中的施工管理，确保施工质量；要保证沉井内部的排水和通风畅通，以确保施工安全。

2.严格控制管道安装质量，保证管道位置、坡度、连接质量

管道安装质量是沉井施工的关键环节，直接影响到整个工程的使用效果。为确保管道安装质量，施工人员应根据设计图纸和施工规范，精确测量管道位置、坡度等参数，确保管道安装的准确性；应选用质量合格的管道材料，保证管道的使用寿命和性能；应加强管道连接部位的质量控制，确保连接牢固、无渗漏。此外，在管道安装过程中，施工人员要严格遵循施工顺序，确保施工顺利进行。在管道安装完成后，相关人员要对安装完成的管道进行认真检查，发现问题及时整改，确保管道安装质量达到要求。

在沉井施工过程中，施工单位要重视沉井接高及管道安装质量控制，通过以上措施，确保沉井接高和管道安装的质量，为整个工程的安全、稳定和高效运行奠定基础。

（四）沉井封底及回填质量控制

1.保证沉井封底质量，确保沉井稳定

沉井封底质量会直接影响沉井的稳定性和使用寿命。封底材料应具有较好的抗压、抗渗性能，且与沉井结构相适应。常用的封底材料是混凝土，根据设计要求，混凝土的强度、抗渗性能、工作性等指标要满足相关规定的要求。同

时，水泥品种和用量也要进行合理的选择，以降低混凝土的渗透性。在施工过程中，施工人员应严格遵循施工工艺流程，确保混凝土浇筑的均匀性和完整性；同时控制混凝土浇筑速度，避免因过快浇筑而出现混凝土裂缝等问题。在浇筑混凝土后，施工人员要及时进行养护，确保混凝土充分硬化。在封底混凝土达到设计强度后，应进行沉井封底质量检测，质量合格后方可进行下一步施工。

2.控制回填材料质量和回填施工质量，保证地面高程和压实度

回填质量对沉井工程的稳定性和使用寿命同样具有重要影响。回填材料应具有较好的压实性、稳定性，较高的抗压强度。常用的回填材料有碎石、沙、土等。回填材料应符合设计要求，其粒径、含水量等指标应在规定范围内。对于有机质含量较高的土料，须采取措施降低其含水量，以保证回填质量。回填施工应遵循设计要求和施工规范，采用分层铺填、分层压实的方法。每层铺土厚度应根据回填材料性质、压实机械性能等因素确定。回填土的压实应选用合适的压实机械，如平碾、振动碾等，并控制其行驶速度，以确保回填土的压实度。此外，回填应采用合理的施工方法，如分区、分段施工，确保回填质量均匀。在回填施工完成后，施工单位应进行回填质量检测，质量合格后方可进行下一步施工。

第四节　水塔、水箱等构筑物的防水施工

水塔、水箱等构筑物作为市政给排水系统的重要组成部分，其功能在于调节和储存水资源，确保城市供水和排水系统的正常运行。然而，水塔、水箱等构筑物在长期使用过程中，容易受到外界环境的影响，出现渗漏、裂缝等问题。

因此，防水施工成了水塔、水箱等构筑物建设的关键环节。

一、防水材料选择

防水材料的选择是水塔、水箱等构筑物防水施工的基础。目前，常用的防水材料主要有以下几种：

（一）沥青防水材料

沥青防水材料是我国建筑工程领域中广泛应用的一种防水材料，具有良好的防水性能和较低的成本，适用于各类水塔、水箱等构筑物的防水施工。

沥青防水材料具有较高的抗渗性能，能有效防止水分透过，保证构筑物的防水效果。相较于其他防水材料，沥青防水材料的生产成本较低，有利于降低给排水工程的整体造价。沥青防水材料施工工艺成熟，操作简便，适应性强，可广泛应用于各类防水工程。沥青防水材料具有较强的耐候性和抗老化性能，能在恶劣环境下保持较长的使用寿命。

沥青防水材料主要包括沥青油毡、沥青纸等。沥青油毡是我国传统防水材料之一，是用低软化点沥青浸渍原纸，然后用高软化点的沥青涂盖油纸的两面，经热轧挤压、裁剪而成的。沥青油毡具有良好的耐水性、耐碱性和抗老化性能，适用于工业与民用建筑的屋面、墙面以及防水工程。沥青纸是原纸经沥青浸渍的制品，具有较高的抗拉强度、良好的柔韧性和耐腐蚀性，适用于地下室、水池、水塔等构筑物的防水施工。是否选用沥青防水材料应根据工程特点、施工环境、防水等级等因素进行综合考虑。在施工过程中，施工人员要确保沥青防水材料与基层黏结牢固、接缝严密，以保证防水效果。

沥青防水材料作为一种具有良好防水性能、成本较低的防水材料，在我国建筑工程领域具有广泛的应用前景。通过合理选择沥青防水材料，科学进行施工，可有效保证建筑的防水质量，延长建筑的使用寿命。在今后的工程实践中，沥青防水材料将继续发挥重要作用，为我国建筑事业的发展贡献力量。

（二）合成高分子防水材料

合成高分子防水材料是一类具有优异防水性能的化学材料。在众多合成高分子防水材料中，聚乙烯薄膜和聚丙烯酸酯类涂料等脱颖而出，被广泛应用于各类防水工程。

1.聚乙烯薄膜

聚乙烯薄膜是一种热塑性塑料薄膜，以其优异的抗拉强度、耐老化性能和良好的耐化学腐蚀性得到广泛关注和应用。在防水工程中，聚乙烯薄膜作为防水层，能有效防止水分渗透，保证建筑物、道路、桥梁等工程结构的防水性能。然而，聚乙烯薄膜的成本相对较高，因此在实际应用中，它更适用于对防水性能要求较高的场合。

2.聚丙烯酸酯类涂料

聚丙烯酸酯类涂料是一种以聚丙烯酸酯为主要成膜物质的防水涂料。它具有较高的抗拉强度、优异的耐老化性能和良好的附着力，能够在多种基材表面形成坚韧的防水膜。与聚乙烯薄膜相比，聚丙烯酸酯类涂料的使用更为灵活，可通过刷涂、滚涂等方式进行施工，适应性较强。然而，由于成本较高，聚丙烯酸酯类涂料也主要适用于对防水性能要求较高的场合。

在选择合成高分子防水材料时，施工单位应考虑实际工程需求和预算。对于对防水性能要求较高的场合，如重要建筑结构、水利工程等，聚乙烯薄膜或聚丙烯酸酯类涂料都是理想的防水材料。而对于一般建筑物的防水工程，可以根据实际情况选择其他性能较差的合成高分子防水材料，以降低成本。总之，在选择防水材料时，施工单位应充分考虑材料的性能、施工便利性以及成本等因素，确保防水工程质量和效益。

（三）水泥基防水材料

1.防水砂浆

防水砂浆是一种以水泥为主要胶结材料，添加一定比例的防水剂和细骨料制成的浆体。它具有较好的流动性和黏结性，能很好地填充混凝土结构中的缝隙，从而达到防水效果。防水砂浆适用于屋面、墙面、地面等各种混凝土结构的防水处理，也适用于水塔、水箱等构筑物的防水施工。

2.防水混凝土

防水混凝土是一种具有良好抗渗性能的混凝土，其内部结构密实，毛细孔较少。它是通过调整混凝土的配合比，添加适量的防水剂和矿物掺合料，以及严格控制混凝土的浇筑和养护过程而制成的。防水混凝土广泛应用于地下结构、水池、水坝等工程领域，具有优异的防水效果。

3.水泥基渗透结晶型防水材料

此类材料以水泥为主要成分，加入特殊的渗透结晶剂。它不仅具有较好的抗渗性能，还能随着时间推移，在混凝土内部形成结晶，使混凝土结构更加密实。此类材料适用于地下工程、水池、水坝等构筑物的防水施工，可以有效延长构筑物的使用寿命。

4.应用注意事项

第一，在应用水泥基防水材料时，应根据工程的具体需求，选择合适的防水材料。例如，对于水塔、水箱等构筑物的防水施工，应选择具有良好耐水性和抗渗性的材料。

第二，在施工过程中，要严格控制防水材料的用量和施工工艺。例如，防水砂浆的施工应保证涂层均匀，厚度满足设计要求；防水混凝土的浇筑和养护要严格按照规范进行。

第三，在施工完成后，要对防水层进行认真检查，确保其质量满足要求。对于发现的渗漏水现象，要及时采取措施进行处理。

第四，在使用过程中，要注意对防水层的保护，避免破坏防水层导致渗漏。

水泥基防水材料具有良好的耐水性和抗渗性，适用于各种混凝土结构的防水施工。在应用水泥基防水材料时，要充分考虑工程的具体需求，合理选择防水材料，并严格控制施工工艺，以确保防水效果。

二、防水施工技术要点

（一）基层处理

在进行防水施工前，首先要对基层进行处理，确保基层表面干净、平整、无裂缝和空鼓现象。对于基层表面的沙粒、油污等杂物，应清理干净，以保证防水层与基层黏结牢固。

（二）防水层施工

防水层施工应按照设计要求进行，在施工过程中要注意控制防水材料的厚度、搭接长度和施工工艺。对于沥青防水材料，应采用热熔法或冷粘法进行施工；对于合成高分子防水材料，应采用刷涂或喷涂法进行施工；对于水泥基防水材料，应按照施工图纸要求进行配比、拌和、浇筑和养护。

（三）接缝处理

接缝是防水层容易出现问题的地方，因此接缝处理至关重要。对于搭接缝，应采用专用胶黏剂进行黏结，确保搭接牢固、无空隙。对于施工过程中的接缝，可使用嵌缝油膏，或采取其他方法进行处理。

（四）防水层保护

在防水层施工完毕后，须采取保护措施。对于暴露在外的防水层，可采用覆盖保温材料、涂抹保护涂料等方法进行保护；对于埋设于土中的防水层，应确保回填土密实，避免对防水层造成损害。

三、质量检测与验收

在水塔、水箱等构筑物防水施工过程中，质量检测与验收是确保工程质量的关键环节。

（一）质量检测

防水材料的质量直接关系到防水工程的效果。在施工前，相关人员应对所使用的防水材料进行抽样检测，确保其性能指标符合国家相关标准。检测内容包括材料的物理性能、化学性能、耐候性、抗渗性等。检测报告须由具备资质的检测机构出具。

（二）质量验收

对于水塔、水箱等构筑物的防水施工，质量验收主要包括结构验收和防水效果验收。结构验收主要针对防水层、防水隔离层、排水系统等关键部位，验收内容主要包括结构完整性、排水系统畅通、防水层无渗漏等。在验收过程中，验收人员要仔细检查防水层的施工质量，确保其符合设计要求和规范。防水效果验收主要通过现场试验和实际运行两种方式进行。现场试验包括蓄水试验、渗透试验等，以检验防水层的抗渗性能。实际运行验收则是在工程投入使用后，观察一段时间，检查是否有渗漏、积水等现象。

水塔、水箱等构筑物防水工程的质量验收应遵循以下标准：

第一，防水材料必须符合国家相关标准，具有合格产品报告书和性能检测报告。

第二，在施工过程中，各项操作符合规范要求，无违规行为。

第三，防水层施工质量合格，无明显缺陷和渗漏现象。

第四，排水系统畅通，能有效排除积水。

第五，施工过程中未出现安全事故，符合安全生产要求。

在水塔、水箱等构筑物的防水施工过程中，严格遵循质量检测与验收标准、确保工程质量，具有重要意义。只有通过严格的质量检测与验收，才能保证防水工程的安全、可靠和持久性。

水塔、水箱等构筑物防水施工是市政给排水工程中的重要环节。选用合适的防水材料、严格按照施工技术要点进行施工及加强质量检测与验收，可确保防水效果，延长水塔、水箱等构筑物的使用寿命。

第五节　深基坑工程施工

深基坑工程施工是市政给排水工程中一个极为重要的环节，它关系到整个工程的安全、质量和进度。本节将详细探讨深基坑工程施工的关键技术、施工流程、安全管理等方面的内容。

一、深基坑工程施工关键技术

（一）土方开挖技术

土方开挖是深基坑施工的第一步，它直接影响着后续工程能否顺利进行。合理地选择土方开挖方法对于保证工程安全、降低施工风险具有重要意义。常见的土方开挖方法有明挖法、暗挖法、半明半暗挖法等，每种方法都有其特点和适用范围。

1.明挖法

明挖法是指在地面上直接进行土方开挖的方法。它适用于开挖深度较浅、地质条件较好、周围环境较简单的基坑。明挖法的优点是施工简单、速度快，缺点是对周围环境的影响较大，适用于地下水位较低、土层稳定性较好的情况。

2.暗挖法

暗挖法是指在地下进行土方开挖的方法。暗挖法通常采用盾构机进行。暗挖法适用于地下水位较高、土层稳定性较差、周围环境较复杂的情况。暗挖法的优点是能在较小的地表影响范围内完成开挖，缺点是施工难度大、成本高。

3.半明半暗挖法

半明半暗挖法是指在开挖过程中，先进行明挖，待挖到一定深度后，再采用暗挖方式进行开挖的方法。这种方法综合了明挖法和暗挖法的优点，适用于各种复杂的地质条件和周围环境。

在选择土方开挖方法时，应充分考虑以下因素：

第一，基坑深度和周围环境：根据基坑深度和周围环境，选择适合的开挖方式，如对于深基坑，一般采用暗挖法或半明半暗挖法。

第二，地质条件：根据地层条件和地下水位，选择合适的土方开挖方式，如对于沙土、卵石土等不稳定地层，应采用暗挖法或半明半暗挖法。

第三，施工安全：确保施工安全是选择土方开挖方式的首要前提，如要充分考虑施工现场的地下管线、建筑物、道路等设施，避免开挖方式不当导致的损坏。

第四，施工成本：在满足工程安全的前提下，合理控制施工成本。明挖法成本较低，适用于简单的基坑；暗挖法成本较高，适用于复杂的基坑。

选择合适的土方开挖技术在深基坑工程施工中非常关键。施工单位应根据实际情况，合理选择土方开挖方法，保证施工质量，确保施工安全。在土方开挖过程中，施工单位还要加强对周围环境的监测，及时发现并处理问题，保证工程的顺利进行。

（二）支护结构施工技术

在深基坑施工过程中，支护结构的施工质量对基坑稳定性起着决定性作用。常见的支护结构类型有混凝土支撑、钢支撑、土钉墙等。在施工过程中要确保支护结构的垂直度、平整度和连接质量。

1.混凝土支撑施工技术

混凝土支撑施工首先要进行模板制作和安装。模板应具有足够的强度、稳定性和耐久性。在施工过程中，要控制好混凝土的配合比、浇筑速度和振捣质量。同时，混凝土支撑的养护环节也十分重要，要保持混凝土湿润，以确保其强度和耐久性。

2.钢支撑施工技术

钢支撑施工主要包括钢支撑的制作、安装和拆除。钢支撑的制作要严格按照设计图纸进行，保证钢材的质量、规格和连接方式。在安装过程中，要控制好钢支撑的垂直度和平整度，并进行牢固连接。在拆除钢支撑时，要遵循先上后下、先外后内的原则，确保施工安全。

3.土钉墙施工技术

土钉墙施工主要包括土钉的制作、安装和土体喷锚。土钉的制作要保证质量，选择合适的材料和规格。在安装土钉的过程中，要控制好土钉的垂直度和间距，确保其与土体的牢固连接。在土体喷锚时，要控制好喷射速度、压力和喷射距离，以保证喷锚层的厚度和质量。

支护结构的垂直度和平整度是影响基坑稳定性的重要因素。在施工过程中，施工人员要采用测量仪器对支护结构的垂直度和平整度进行实时监测，及时调整偏差；同时，要加强施工过程中的质量控制，确保支护结构的垂直度和平整度满足设计要求。

支护结构的连接质量是保证支护结构稳定性的关键。在施工过程中，施工人员要确保各种支撑结构连接件，如钢筋、螺栓等的质量；同时，连接件的安装位置、数量和方式也要符合设计要求。这样才能保证支护结构的连接质量。

在施工过程中，支护结构的连接可以采用焊接、螺栓连接等方式，且要确保连接牢固可靠。

支护结构在深基坑工程中起着举足轻重的作用。在支护结构的施工过程中，施工人员要充分了解各种支护结构的施工要点，严格把控施工质量，确保基坑稳定性；同时，要加强监测和管理，遵循安全、高效的施工原则，为我国建筑行业的发展贡献力量。

（三）降水施工技术

为保证深基坑施工的安全，施工单位要合理运用降水施工技术。常见的降水方法有井点降水法、喷射降水法、深井降法水等。在运用降水施工技术的过程中，施工单位要控制好降水速度、降水深度和降水稳定性。

1.井点降水法

井点降水法是一种广泛应用于深基坑施工的降水方法。其原理是通过井点排水系统将地下水引入排水管道中，从而降低基坑内的水位。井点降水法包括轻型井点降水法、管井降水法等。轻型井点降水法适用于较小的基坑，降水效果较好；管井降水法适用于较大的基坑，降水效果更为显著。在运用井点降水法时，施工单位要合理布置井点位置，控制降水速度，以确保基坑施工的安全。

2.喷射降水法

喷射降水法是通过高压水流将地下水冲击出基坑，从而达到降水目的的，具有降水速度快、效果显著的优点。在施工过程中，施工单位应注意控制降水深度，防止过度降水导致基坑周边土壤变形、地面沉降等问题；同时，还应注意环境保护，避免对周边环境产生不良影响。

3.深井降水法

深井降水法是通过钻孔将地下水引入深井，从而降低基坑内水位的。深井降水法适用于地下水位较高的深基坑工程。在施工过程中，施工单位要合理选择降水井的位置、深度和数量，以达到最佳的降水效果；同时，要关注降水稳定性，防止基坑周边的土体变形。

在降水施工过程中，施工单位要重视对降水速度、降水深度和降水稳定性的控制。合理的降水速度可以确保基坑内水位迅速降低，为基坑施工创造有利条件；适当的降水深度可以保证基坑施工的安全；稳定的降水可以防止基坑周边的土体变形。此外，还要注重对降水过程的监测，及时掌握降水效果和周边环境的变化，确保施工安全。

降水施工技术在深基坑工程中起着至关重要的作用。施工单位通过合理选择降水方法，控制降水速度、降水深度和降水稳定性，可以有效保障深基坑施工的安全。在实际工程中，施工单位应根据基坑的具体情况选择适宜的降水方法，确保降水施工的顺利进行；同时，要加强对降水过程的监测和管理，确保工程质量和安全。

二、深基坑工程施工流程

（一）施工准备

深基坑工程施工准备的主要内容包括：根据工程设计图纸、勘察报告和相关技术标准，编制基坑施工计划，明确施工进度、施工方法、材料和设备需求等；成立项目管理组织机构，明确各部门和人员的职责；对施工人员进行专业技术培训，确保施工人员熟悉施工流程、施工方法和安全措施；根据施工计划，采购所需的建筑材料和施工设备，确保施工顺利进行；对施工现场进行平整、排水、交通组织等，确保施工现场满足施工要求。

（二）土方开挖

待施工准备就绪后，施工单位即可按照施工计划和设计要求，进行土方开挖。在开挖过程中，须遵循“分层、分区、对称、平衡”的原则，确保土方开挖的稳定和安全；要实时监测土方开挖过程中的土壤变形情况和地下水位变化情况，及时调整开挖速度和方法。在土方开挖过程中，要采取边坡防护和稳定措施，防止边坡坍塌。待开挖至设计基底标高后，方可进行下一道工序的施工。

（三）支护结构施工

支护结构包括桩墙、支撑系统等，应根据设计图纸和相关规范施工。在支护结构施工过程中，施工人员应确保结构质量和稳定性，防止安全事故的发生；在支护结构施工完成后，相关人员还应进行验收，确保支护结构符合设计要求。

（四）降水施工

在降水施工前，施工单位应根据工程地质和水文条件，制定降水施工方案，选择合适的降水方法。在降水施工过程中，施工人员要严格遵循施工方案和安全操作规程，确保降水效果和施工安全。在降水完成后，相关人员应对降水效果进行监测和评估，确保降水效果满足设计要求。

（五）基坑内部排水系统施工

基坑内部的排水系统，包括排水沟、集水井等。在深基坑工程施工过程中，应及时排水，降低基坑内水位，保证施工条件。在基坑内部排水系统施工完成后，施工人员应进行试运行，确保排水系统正常运行。

（六）施工监测

施工单位应建立施工监测系统，对基坑周边环境、支护结构、降水效果等进行实时监测，并对监测数据进行分析，以及时发现异常情况，从而采取措施进行调整。在监测结果符合设计要求后，方可进行下一道工序的施工。

三、深基坑工程施工安全管理

（一）制定安全管理制度

深基坑工程施工安全管理的首要内容是制定完善的安全管理制度。这一制度应涵盖施工现场的日常管理、安全培训、巡查监控、事故应急处理等方面。在制定安全管理制度时，施工单位应结合工程实际情况，明确各参建单位的安全职责，确保各环节工作到位；应建立健全安全生产责任制，明确各级管理人员、技术人员和作业人员的安全职责，确保在施工过程中有人负责安全管理工作；应制定安全培训制度，对新入职员工进行安全知识培训，提高员工的安全意识，确保施工过程中员工具备必要的安全知识；应建立安全巡查监控制度，对施工现场进行定期巡查，发现问题及时整改，确保施工现场安全；应制定事故应急预案，针对可能发生的安全事故，提前制定应对措施，确保在事故发生后能迅速启动应急预案，减少损失。

（二）基坑周边的安全防护

基坑周边的安全防护是深基坑工程施工安全管理的重要内容。为确保基坑周边环境的安全，施工单位应对基坑周边进行严密监控，设置警示标志，提醒周边居民和行人注意安全；应根据基坑周边环境，制定合理的基坑支护方案，确保基坑稳定；应严格按照设计要求进行基坑周边的安全防护设施施工，如设置围挡、安装防护网等；应定期检查基坑周边的安全防护设施，发现问题及时整改，确保设施正常使用。

（三）管理施工队伍

施工队伍是深基坑工程施工的主体，管理好施工队伍对于确保施工安全具有重要意义。为此，施工单位应选拔合格的施工人员，确保施工队伍具备相应的技术水平和较高的安全意识；应对施工队伍进行定期安全培训，提高施工人员的安全意识和技能水平；应建立健全施工队伍管理制度，明确队员的职责，确保施工过程中的安全；应加强对施工队伍的现场管理，确保施工队伍纪律严明，遵守安全规定。

（四）制定应急预案

制定应急预案是应对安全事故的重要措施，对于减少安全事故损失具有重要作用。施工单位应针对深基坑工程施工过程中可能发生的安全事故，制定详细的应急预案；应定期组织应急预案演练，提高施工队伍应对安全事故的能力；应建立应急预案启动机制，确保在安全事故发生时能迅速启动应急预案；应加强对应急预案的修订和完善，结合工程实际情况，不断提高应急预案的实用性和有效性。

通过以上 4 个方面内容的深基坑工程施工安全管理，施工单位可以降低安全事故发生的风险，确保工程顺利进行。各参建单位应高度重视安全管理，切实履行职责，共同营造安全的施工环境。

第四章　市政管道工程施工技术

第一节　市政管道开槽施工

市政管道工程是城市建设的重要组成部分，它关系到城市的正常运行和市民的生活质量。随着城市化进程的持续推进，市政管道工程的需求也在不断增加。在市政管道工程中，开槽施工是一种常见的施工方式，它涉及开槽、排水、支护等一系列复杂的过程。然而，传统的开槽施工方式存在一些问题，如施工周期长、成本高、对环境的影响大等。因此，研究市政管道开槽施工的优化方法具有重要的现实意义。目前，国内外对市政管道开槽施工的研究已经取得了一定的进展。国外研究主要集中在开槽施工的技术和设备上，如采用大型开槽机、激光测距仪等先进设备，提高开槽的精度和效率。国内研究主要集中在开槽施工的工艺和环境保护上，如采用预制管道、优化施工顺序等方法，以减少对环境的影响。

一、施工准备

在开槽施工前，施工单位应事先了解清楚地上及地下建筑物的准确位置和构造情况，然后根据土质状况确定槽帮坡度，制定防护措施；同时，做好现场施工组织工作，划定行人行走、车辆行驶以及施工作业场地范围。

开槽施工一般自下游开始，向上游推进，其挖槽方法可分为机械挖槽和人工挖槽。不论用何种方式挖槽，都应严格掌握槽底高程，防止超挖。在雨期，应做好排水工作，防止泡槽。在冬期，应做好槽底保温工作，防止受冻。此外，应避免槽底原土层结构被扰动破坏。

二、沟槽开挖

（一）沟槽开挖的一般要求

沟槽的开挖断面应符合施工组织设计（方案）的要求。槽底原状地基土不得扰动，机械开挖的槽底应预留 200～300 mm 土层由人工开挖至设计高程并整平。槽底不得受水浸泡或受冻，当槽底局部扰动或受水浸泡时，宜采用天然级配砂砾石或石灰土回填。当槽底扰动土层为湿陷性黄土时，应按设计要求进行地基处理。当槽底土层为杂填土、腐蚀性土时，应全部挖除并按设计要求进行地基处理。槽壁应平顺，边坡坡度应符合施工方案的规定。在沟槽边坡稳固后应设置供施工人员上下沟槽的安全梯。

沟槽底部的开挖宽度应符合设计要求；当设计无要求时，可按式 4-1 计算确定。

$$B=D_0+(b_1+b_2+b_3) \quad \text{（式 4-1）}$$

式中：B——管道沟槽底部的开挖宽度（mm）；

D_0——管外径（mm）；

b_1——管道一侧的工作面宽度（mm）；

b_2——有支撑要求时管道一侧的支撑厚度，可取 150～200 mm；

b_3——现场浇筑混凝土或钢筋混凝土管渠一侧模板的厚度（mm）。

当沟槽一侧临时堆土或施加其他荷载时，应符合下列规定：①不得影响建（构）筑物、各种管线和其他设施的安全；②不得掩埋消火栓、管道闸阀、雨水口、测量标志以及各种地下管道的井盖，且不得妨碍其正常使用；③堆土距沟槽边缘不小于 0.8 m，且高度不应超过 1.5 m，沟槽边堆置土方的高度不得超过设计堆置高度。

当沟槽挖深较大时，应确定分层开挖的深度，并符合下列规定：①当人工开挖沟槽的深度超过 3 m 时，应分层开挖，每层的深度不超过 2 m；②人工开挖多层沟槽的层间留台宽度，放坡开槽时不应小于 0.8 m，直槽时不应小于 0.5 m，安装井点设备时不应小于 1.5 m；③当采用机械挖槽时，沟槽分层的深度按机械性能确定。

（二）沟槽支撑及要求

支撑是防止沟槽土壁坍塌的一种临时性挡土结构。一般情况下，当沟槽土质较差、深度较大而又挖成直槽时，或地下水位高、土质为砂性土并采取了表面排水措施时，均应支设支撑。但支撑会增加材料消耗，也会给以后的作业带来不便。因此，是否设置支撑应根据土质、地下水情况、槽深、槽宽、开挖方法、排水方法、地面荷载等情况确定。

沟槽支撑应根据沟槽的土质、地下水位、开槽断面、荷载条件等因素进行设计。支撑的材料可选用钢材、木材或钢材与木材混合使用。

当沟槽支撑采用木材时，其构件规格应符合下列规定：①撑板厚度不宜小于 50 mm，长度不宜大于 4 m；②横梁或纵梁宜为方木，其断面不宜小于 150 mm×150 mm；③横撑宜为圆木，其梢径不宜小于 100 mm。

沟槽支撑的横梁、纵梁和横撑的布置应符合下列规定：①每根横梁或纵梁的横撑不得小于 2 根；②横撑的水平间距宜为 1.5～2.0 m；③横撑的垂直间距不宜大于 1.5 m。

沟槽支撑应随挖土的加深及时安装。当在软土或其他不稳定土层中采用横排撑板支撑时，沟槽开挖深度不得超过 1.0 m，开挖与支撑应交替进行，每次交替的深度宜为 0.4～0.8 m。

撑板的安装应与沟槽槽壁紧贴，当有空隙时，应填实。横排撑板应水平，竖排撑板应顺直，撑板的对接应严密。

横梁、纵梁和横撑的安装应符合下列规定：①横梁应水平，纵梁应垂直，且必须与撑板密贴，连接牢固；②横撑应水平并与横梁或纵梁垂直，且应支紧，连接牢固。

当采用横排撑板支撑，且有地下钢管道或铸铁管道横穿沟槽时，管道下面的撑板上缘应紧贴管道安装，管道上面的撑板下缘距管道顶面不宜小于100 mm。

当采用钢板桩支撑时应符合下列规定：①钢板桩支撑可采用槽钢、工字钢或定型钢板桩；②钢板桩支撑按具体条件可设计为悬臂、单锚或多层横撑的形式，钢板桩的入土深度和横撑的位置与断面应通过计算确定；③当钢板桩支撑采用槽钢作为横梁时，横梁与钢板桩之间的孔隙应用木板垫实，横梁和横撑应与钢板桩连接牢固。

支撑应经常检查，当发现支撑构件有弯曲、松动、移位或劈裂等迹象时，应及时处理。

支撑的施工质量应符合下列规定：①在支撑后，沟槽中心线每侧的净宽应不小于施工设计的规定；②横撑不得妨碍下管和稳管；③安装应牢固、安全可靠；④钢板桩的轴线位移不得大于50 mm，垂直度不得大于1.5%。

承托翻土板的横撑必须加固。翻土板的铺设应平整，其与横撑的连接必须牢固。

在拆除支撑前，应对沟槽两侧的建筑物、构筑物和槽壁进行安全检查，并应制定拆除支撑的实施细则和安全措施。

在拆除支撑时应遵守下列规定：①支撑的拆除应与回填土的填筑配合进行，且在拆除后应及时回填；②采用排水沟的沟槽，应从两座相邻排水井的分水岭向两端延伸拆除；③有多层支撑的沟槽，应待下层回填完成后再拆除上层支撑；④在拆除单层密排撑板支撑时，应先回填至下层横撑底面，再拆除下层横撑，待回填至半槽以上，再拆除上层横撑；⑤当一次拆除有危险时，宜采取替换拆撑法拆除支撑。

在拆除钢板桩支撑时应符合下列规定：①在回填达到规定要求的高度后，

方可拔除钢板桩；②钢板桩拔除后应及时回填桩孔；③在回填桩孔时应采取措施填实，若用沙灌填时，可冲水助沉；④当对地面沉降有要求时，宜采取边拔桩边注浆的措施。

三、基础处理

（一）沙石地基处理

在对基础进行处理前应先对槽底进行检查，槽底高程及槽宽须符合设计要求，且不应有积水和软泥。

当对管道的基础结构无要求时，宜铺设厚度不小于 100 mm 的中沙或粗沙垫层。软土地基宜铺垫一层厚度不小于 150 mm 的沙砾或 5～40 mm 的粒径碎石，其表面再铺厚度不小于 50 mm 的中沙或粗沙垫层。

对于采用柔性接口的刚性管道，当设计对其基础结构无要求时，一般土质地段可铺设沙垫层，亦可铺设 25 mm 以下的粒径碎石，表面再铺 20 mm 厚的沙垫层（中沙或粗沙），垫层总厚度应符合规定。

管道有效支承角的范围必须用中沙或粗沙填充插捣密实，与管底紧密接触，不得用其他材料填充。

（二）混凝土管基处理

平基与管座的模板，可一次或两次支设，每次支设高度宜略高于混凝土的浇筑高度。

当设计无要求时，平基与管座的混凝土宜采用强度等级不低于 C15 的低坍落度混凝土。

当管座与平基分层浇筑时，应先将平基凿毛冲洗干净，并用同强度等级的水泥砂浆将平基与管体相接触的腋角部位填满、捣实，再浇筑混凝土，使管体与管座混凝土结合严密。

当管座与平基采用垫块法浇筑时，必须先从一侧灌注混凝土，当对侧的混凝土高过管底与灌注侧混凝土高度相同时，两侧再同时浇筑，并保持两侧混凝土高度一致。

管道基础应按设计要求留变形缝，变形缝的位置应与柔性接口一致。

管道平基与井室基础应该同时浇筑，跌落井上游接近井基础的一段应砌砖加固，平基混凝土应浇至井基础边缘。

在混凝土浇筑过程中应防止离析，浇筑后应进行养护。当混凝土强度低于1.2 MPa时不得承受荷载。

四、管道安装

管道应在沟槽地基、管基质量检验合格后安装，安装宜自下游开始，承口应朝向施工前进的方向。

接口工作坑应配合管道铺设及时开挖，开挖尺寸应符合施工方案的要求。接口工作坑的开挖尺寸应满足操作人员和连接工具的安装作业空间要求，并便于检验人员的检查。

管节在下入沟槽时，不得与槽壁支撑及槽下的管道相互碰撞。在沟槽内运管不得扰动原状地基。在安装管道时，应随时清除管道内的杂物。若安装暂停时，管道两端应临时封堵。管节的中心及高程应逐节调整正确，安装后的管节应进行复测，合格后方可进行下一道工序的施工。

（一）钢管安装要点

钢管安装应符合现行国家标准《工业金属管道工程施工规范》（GB 50235—2010）《现场设备、工业管道焊接工程施工质量验收规范》（GB 50683—2011）等规范的规定，并应符合下列规定：①对首次采用的钢材、焊接材料、焊接方法或焊接工艺，施工单位必须在施焊前按设计要求和有关规定进行焊接试验，并应根据试验结果编制焊接工艺指导书；②焊工必须按规定经相关部门考试合格后持证上岗，并应根据经过评定的焊接工艺指导书施焊；③在沟槽内焊接时，应采取有效的技术措施保证管道底部的焊接质量。

（二）球墨铸铁管安装要点

对于球墨铸铁管的安装，管节及管件在下沟槽前，应清除承口内部的油污、飞刺、铸砂及凹凸不平的铸瘤；柔性接口铸铁管及管件承口的内工作面、插口的外工作面应修整光滑，不得有沟槽、凸脊缺陷，有裂纹的管节及管件不得使用。在安装滑入式橡胶圈接门时，推入深度应达到标记环。此外，还应复查与其相邻的已安好的第一至第二个接口的推入深度。

在安装机械式柔性接口时，应使插口与承口法兰压盖的轴线重合，螺栓安装方向应一致，并用扭矩扳手均匀、对称地紧固。

（三）钢筋混凝土管及预应力混凝土管安装要点

柔性接口的钢筋混凝土管、预应力混凝土管在安装前，承口内工作面、插口外工作面应清洗干净；套在插口上的橡胶圈应平直、无扭曲，应正确就位；橡胶圈表面和承口工作面应涂刷无腐蚀性的润滑剂。在安装好放松外力后，管节回弹不得大于 10 mm，且橡胶圈应在承口、插口工作面上。

刚性接口的钢筋混凝土管道施工应符合下列规定：①在抹带前应将管口的外壁凿毛、洗净。②钢丝网端头应在浇筑混凝土管座时插入混凝土内。③在混凝土初凝前，应分层抹压钢丝网水泥砂浆抹带。④在抹带完成后，应立即用吸水性强的材料覆盖，3～4 h 后洒水养护。⑤水泥砂浆填缝及抹带接口作业时落入管道内的接口材料应清除。当管径大于或等于 700 mm 时，应采用水泥砂浆将管道内接口部位抹平、压光；当管径小于 700 mm 时，填缝后应立即抹平。⑥对于刚性接口的钢筋混凝土管道，应选用网格为 10 mm×10 mm、丝径为 20

号的钢丝网，水泥砂浆抹带接口材料应选用粒径为 0.5～1.5 mm、含泥量不大于3%的洁净砂，水泥砂浆配比应满足设计要求。

当钢筋混凝土管沿直线安装时，管口间的纵向间隙应符合设计及产品标准要求。当预应力混凝土管沿曲线安装时，管口间的纵向间隙最小处不得小于 5 mm。

预应力混凝土管不得截断使用。井室内暂时不接支线的预留管（孔）应封堵。当预应力混凝土管道采用金属管件连接时，管件应进行防腐处理。当采用混凝土管道基础时，在管道中心、高程复验合格后，应按规范规定及时浇筑混凝土管座。

（四）钢管混凝土管安装要点

对于钢管混凝土管的安装，在进行承插式橡胶圈柔性接口施工时应首先清理管道承口内侧、插口外部凹槽等连接部位和橡胶圈；然后将橡胶圈套入插口上的凹槽内，保证橡胶圈在凹槽内受力均匀，没有扭曲、翻转现象；最后将配套的润滑剂涂擦在承口内侧和橡胶圈上，检查涂覆是否完好并在插口上按要求做好安装标记，以便检查插入是否到位。在接口安装时，将插口一次插入承口内，达到安装标记为止。安装就位，在放松紧管器具后应进行下列检查：①复核管节的高程和中心线；②用特定钢尺插入承插口之间检查橡胶圈各部的环向位置，确认橡胶圈在同一深度；③检查接口处承口周围是否胀裂；④检查橡胶圈是否有脱槽、挤出等现象。

（五）玻璃钢管安装要点

对于玻璃钢管的安装，当管道安装就位后，套筒式或承插式接口周围不应有明显变形。当管道曲线铺设时，接口的允许转角不得大于规定数值。

（六）硬聚氯乙烯管、聚乙烯管及其复合管安装要点

对于硬聚氯乙烯管、聚乙烯管及其复合管的安装，当采用承插式（或套筒式）接口时，宜人工布管并在沟槽内连接。对于槽深大于 3 m 或管外径大于 400 mm 的管道，宜用非金属绳索兜住管节下管，严禁将管节翻滚抛入槽中。当采用电熔、热熔接口时，宜在沟槽边上将管道分段连接后以弹性铺管法移入沟槽。在移入沟槽时，管道表面不得有明显的划痕。

硬聚氯乙烯管、聚乙烯管及其复合管的管道连接应符合下列规定：①承插式柔性连接、套筒连接、法兰连接、卡箍连接等采用的密封件、套筒件、法兰、紧固件等配套管件，必须由管节生产厂家配套供应。电熔连接、热熔连接应采用专用电气设备、挤出焊接设备和工具进行施工。②在管道连接时必须将连接部位、密封件、套筒等配件清理干净，套筒连接、法兰连接、卡箍连接用的钢制套筒、法兰、卡箍、螺栓等金属制品应根据现场土质并参照相关标准采取防腐措施。③承插式柔性接口连接宜在当日温度较高时进行，插口端不宜插到承口底部，应留出不小于 10 mm 的伸缩空隙。在插入前应在插口端外壁做好插入深度标记，插入完毕后，承插口周围应空隙均匀，连接的管道应平直。④电熔连接、热熔连接、套筒连接、法兰连接、卡箍连接应在当日温度较低时进行。若采用电熔连接、热熔连接，电热设备的温度控制、时间控制、挤出焊接时对焊接设备的操作等，必须严格按接头的技术指标和设备的操作程序进行。接头处应有沿管节圆周平滑对称的外翻边，内翻边应铲平。⑤管道与井室宜采用柔性连接，连接方式应符合设计要求，当设计无要求时，可采用承插管件连接。⑥当安装完的管道中心线及高程调整合格后，应将管底有效支撑角的范围用中沙或粗沙回填密实，不得用土或其他材料回填。

五、管道安装质量检查和验收

在市政管道安装完成后、沟槽回填前，应对管道安装的质量进行检查和验收，主要措施是进行管道的水压试验。水压试验应具备以下条件：准备工作完成、试验方案已经批准、检查仪器在校验的有效期范围内。

在对市政管道进行水压试验时，试验的管段长度不超过 1 km。水压试验又分为两个阶段：第一阶段为预实验阶段，第二阶段为主试验阶段。第一阶段管道的接口、配件应无漏水损坏，第二阶段管道应无渗无漏且压力下降不超过规定值。

六、沟槽回填

市政管道工程开槽施工中的沟槽回填是一个重要的环节，它涉及多个关键步骤和要点，须确保回填的质量和安全。

在进行回填之前，必须确保管道安装验收合格，并已向驻地监理工程师申请并获批准进行回填施工。这是回填工作开始的前提条件。

在回填前，要清除沟槽内的积水、淤泥和杂物，确保沟槽的清洁，以便进行后续的回填工作。这是保证回填质量的重要步骤。关于回填材料的选择，应使用具有良好密实性、承载力和稳定性的材料，如碎石、沙子、细土等。这些材料能够有效地填充沟槽，提高回填的密实度和承载力。

在回填方式上，根据土质的不同，可以选择平铺回填或分层回填。平铺回填适用于土质较好的沟槽，而分层回填则适用于土质较差的沟槽。其中，在分层回填时，应确保每层回填材料的厚度均匀，并进行逐层夯实，以提高回填的密实度，增强回填的稳定性。此外，在回填完成后需要进行压实，以提高其密实度和承载力。压实方法可以根据实际情况进行选择，如使用压路机或夯实机械进行压实。

在回填结束后，需要进行质量检测，以确保回填质量符合设计和规范要求。这包括检查回填的密实度、承载力以及是否存在空洞或不均匀等问题。总的来说，市政管道工程开槽施工中的沟槽回填是一个复杂而重要的环节，需要严格按照施工规范和设计要求进行操作，以确保回填的质量和安全。同时，施工人员应具备一定的专业知识和实践经验，能够根据实际情况灵活调整施工方案，确保施工顺利进行。

第二节　市政管道不开槽施工

市政管道工程是城市建设的重要组成部分，它关系到城市的正常运行和市民的生活质量。随着城市发展，城市地下空间资源越来越紧张。市政管道工程开槽施工会给交通、绿化、居民生活带来了诸多不便，因此不开槽施工技术逐渐成为市政管道工程领域的研究热点。

一、市政管道顶管施工

顶管施工技术是一种在管道铺设中无须挖掘地面的技术，其施工原理如下：按照提前规划的管道铺设路径在首尾分别安置中间井，之后在井内实施顶进作业，用钢质管道依照规划好的角度压入地质层中，而预先铺排的管道会随着工具管在工作井内穿过土层，将钢质管道分阶段顶进接收井中。该项技术尤其适用于途经铁路、河流的管道工程。应用该项技术能够显著提升管道施工的效率与水平。

（一）顶管施工技术的应用优势

1.提效率、增效益

顶管施工技术在现代城市建设中扮演着越来越重要的角色，尤其是在地下管线工程中。其应用优势之一便是能显著提高施工效率，增加经济效益。传统的开槽施工方式往往需要大量的时间来开挖地面、安装管线、回填，而顶管施工技术则可以在不破坏地面的情况下直接从起点顶进至终点，大幅减少施工周期。在顶管施工中，施工人员通常会使用专业的顶管设备，如顶管机和推进系统，这些设备能够在稳定土壤的同时，有效地推进管道。此外，现代化的顶管技术可以实现连续施工，不受天气、交通或其他地表活动的影响，从而保证工程进度，减少因施工延误带来的经济损失。此外，顶管施工还可以规避许多传统开槽施工中常见的风险，如遇到地下水、岩石层或其他未预见的障碍物。在顶管施工中，施工人员可以通过实时监控和调整顶管方向来有效应对这些障碍物，从而减少停工时间，节约成本。

2.干扰小

顶管施工的另一个显著优势是它对周围环境的干扰小。传统的开槽施工方式常常需要大面积的开挖，会对地表环境造成严重破坏，影响周边居民的正常生活和工作。而顶管施工则基本不会对地表造成干扰，可以在繁华的城市区域进行，而不对交通、商业活动及居民生活造成太大影响。此外，顶管施工还可以减少对地下已有管线的影响。在开槽施工中，现有管线往往需要被移动或保护，以避免损坏。而在顶管施工中，新的管道可以沿着现有管线的上方或旁边推进，从而减少对现有管线系统的干扰和潜在损害。

（二）顶管的管体结构

市政管道施工条件特殊，现场限制性因素较多，在应用顶管施工技术时，应充分考虑防渗性能要求。为此，应注重对管体结构的分析，选择合适的管体结构，使其具有防渗、耐久等优点。

1.管体结构

考虑到管道耐腐蚀、耐久性方面的要求，在顶管钢筒的内外部施工中，通常采取的是混凝土浇筑的方法，此环节的施工能使混凝土包裹管道，发挥出类似于防护层的作用。

2.钢筒结构

钢筒宜采用厚度为 1.5 mm 的冷轧钢板，根据要求加工成型，并在两端设插口环和承口环，以便更为有效地连接钢筒。各节管道的连接部位往往偏薄弱，是渗漏的高发区域，为保证该部位有足够的严密性，应用双胶圈垫层的方式连接，确保在后续施工及使用过程中管道连接部位无渗漏问题。

3.钢筋骨架网

钢筒的内外两侧应合理设置钢筋骨架网，以增强钢筒与混凝土连接的稳定性。设置于外侧的钢筋骨架网采用双层结构，能够具有更强的承载能力，更有利于维持管体的稳定性。即便管道内部水压骤然上升，得益于外侧钢筋骨架网的承载力优势，也能够较为有效地避免管道破裂问题。而对于设置在内侧的钢筋骨架网，在正常情况下仅采取单层网的结构形式即可，其具有防止混凝土开裂的作用。

（三）顶管施工

1.前期准备阶段

顶管施工技术应用于市政管道工程有较多的工序，涉及较为广泛的专业知识，同时有着较强的专业性和复杂性。为了保证后期顶管施工作业顺利地完成，需要做好准备工作。

第一，加强施工位置的地质情况勘查，明确施工范围，全面分析施工现场的人流量、车流量等具体情况，整合和完善相关数据信息，有力支持顶管设计及施工方案的制定，尽可能地增强顶管施工方案的科学性、准确性、真实性，同时保证路面结构、车辆运行的质量。在此基础上还要全面检查施工区域的给排水管道、电力管道、通信管道等各种配套设施情况，明确地下空间利用情况，避免在施工中和其他管线发生冲突，避免发生安全事故，尽量增强顶管施工的稳定性和安全性。

第二，根据实际考察的结果合理编制施工方案，确定施工所用的设备、管材、物料、人员等各项资源的数量、规格等，分类存储各种设备设施，为顺利开展顶管施工作业奠定坚实的基础。

第三，做好预算方案编制，最大化地利用各项资源，细致地划分影响工程预算、进度、质量的各项因素，根据工程的实际情况有针对性地分析管道材料、规格等，总结归纳施工内容，提高成本预算水平，在保证施工质量的前提下分析工程施工的综合效益，明确顶管施工的技术流程。

2.选择管道

在市政管道顶管施工中，选择合适的管道材料至关重要。常见的管道材料包括钢筋混凝土管、塑料管和钢管等。每种材料都有其优点和适用场景，如钢筋混凝土管具有较强的承压力和较高的强度，适用于排水施工；而塑料管道则具有较好的耐腐蚀性和较长的使用寿命。管道的强度和厚度是选择管道时需要考虑的重要因素。管道的强度应满足顶进过程中的受力要求，防止管道在顶进过程中出现破裂或变形。此外，在选择管道时，还需要考虑管道的长度。短管主要适用于较弯曲和距离较短的路段，而长管则更适用于直的和距离较远的路段。这样可以有效地减少管道的装管环节，提高施工效率。总的来说，在选择市政管道顶管施工的管道时，需要综合考虑管道的材料、强度、厚度、长度以及施工环境等因素，确保所选管道能够满足施工要求。

3.顶进

顶管施工的基本原理是利用顶进设备的强大推力将管道顶进到指定位置。顶进设备主要包括油缸、顶铁、千斤顶等设备。在具体实践中，技术人员要提前对管道长度、管壁厚度等参数进行充分考虑，结合工程所在区域的地质情况将顶力准确地计算出来，保证施工中可以合理地进行控制。例如，如果管道有着较大的直径，会增加管道和土壤的摩擦力，阻碍顶进过程。为了将摩擦力尽量减小，保证顺利地顶进管道，在顶进施工中施工单位可以使用泥浆护壁，同时对顶力大小进行合理的控制。此外，顶力应控制在管道材料可承受范围内，以免在顶进过程中由于顶力过大导致管道发生变形、破裂等，这对施工质量、成本、工期都会产生不良影响。

在管道顶进过程中，施工单位还要对管线偏差进行严格控制，注意动态监测管道顶进的方向，及时采取纠偏措施。例如，在实际顶进过程中很容易出现顶进轴线偏离设计轴线的情况，此时可以利用千斤顶在反向位置施加一定的顶力，将偏差值逐渐缩小，直到顶进轴线回到设计位置为止。

4.工作坑处理

工作坑包括安装掘进设备的工作井和接收管道的接收井。在工作坑挖掘过程中，通常需要利用钢筋混凝土浇筑形成稳定的结构，以保证顶进工作顺利开展。在具体施工中，要做好工作坑的处理。为此，施工单位要提前组装好混凝土板，安装好大型承载设备，保证工作坑有力地支持重型设备。在工作坑修建过程中，还要注意检查其施工质量，提高工作坑的牢固性，以有力地支持顶进工作。顶进工作井如图 4-1 所示。

图 4-1　顶进工作井

5.顶管出洞

在顶力作用下，管道在被顶进到指定位置后，还要完成出洞工作，这是顶管施工技术的关键环节，也是容易出现问题的环节。为此，在管道出洞口前，要先利用搅拌桩加固地基，避免洞口发生塌方，同时要密封好洞口。施工人员在首节管道破开工作井之前要反复调整管线，以免管线倾斜。

6.注浆

注浆是将泥浆注入管道周围空隙位置。通过注浆操作，可以降低管道和土层之间的摩擦力，达到保护管道的效果。施工人员在完成顶管施工后还要处理好管道周边的泥浆，保证泥浆可以在岩层中充分固定，将其加固保护作用充分发挥出来。

（四）顶管施工要点

在完成准备工作后可以正式开始顶进施工作业。在具体施工中，施工人员要注意避免水流入工作井，因此要及时排除周围积水。一般会在工作井内预留洞口并且密封好整个内部空间，保证内套环结构安全可靠。为了进一步保证该结构的防水性能，还要专门进行防水处理，然后在预埋钢管上固定内套环结构，保证二者紧密地结合。

例如，某市政工程顶管施工中存在较多的顶管施工，C 组负责顶管施工处理，为此专门设计了顶管施工的工艺流程和方法。在具体施工中，要合理设置辅助系统。该工程最长的顶管距离为 65 m，技术人员为了保证整个工程的施工质量，确保和施工要求相符合，对中继间进行了布置。在布置中继间时，工作人员以顶管施工需求为基础，保证在顶进过程中推力能够持续维持在需要的范围内。千斤顶设备组、紧固件、承压法兰片等设备和元器件共同组成了中继间。在中继间工作中，需要在后油压管道位置设置支撑点，然后用千斤顶设备组持续提供推力，保证前半段油压管道顺利顶进。后半段油压管道的推力主要来自千斤顶。技术人员在具体施工中根据顶管施工要求控制中继间的每次推进距离为 25 cm。在具体施工中，分段推进工作的主要推动力来自千斤顶设备组，施工人员要时刻关注顶进设备是否符合顶进施工要求。要根据管道阻力在油压管道中安装中继间。在最前方中继间顶管安装过程中可能会受到来自管壁和机头的阻力，此时技术人员需要做好安全顶力的针对性分析和储备，科学地计算储备顶力，按照每推进 65 cm 油压管道设置大约 4 000 kN 的要求设置推进力。由此反推，在最前端中继间位置安装过程中需要在距离机头 20 cm 左右的位置进行安装，要按照 50 cm 左右的间距控制后面相邻的两个中继间的距离。

（五）顶进施工后期工作

1.检查和纠偏

为了保证市政管道的顶进施工作业严格按照设计要求进行，施工人员需要密切关注管道的顶进过程，严格测量顶进路线，不得随意更改路线，同时要实时监测顶进过程。技术人员需要根据规范合理设置测量平台，选择合适的临时水准点，然后进行精确的测量，并且核查每次测量结果。通常技术人员需要针对性地检查顶管施工进度，按照每顶进 50 cm 检测一次的频率进行顶进测量，如果发现偏离既定的路线，要及时采取纠偏处理，将机头和设计轴线偏差尽可能地减小，确保能够和设计规范相符合。如果发现机头偏离了既定路线，那么需要通过千斤顶在反方向给予一定的顶力，保证其回归到正常的路线上。

2.通风

在顶管施工过程中以及施工结束后，管道内部应有良好的通风性能。在顶管施工过程中，地下可能存在一些威胁操作人员人身安全的有害气体，尤其是长距离顶管，由于路线较长、施工时间长，更要做好通风换气处理。目前比较常见的通风方法是通过抽风、鼓风设备，持续不断地将施工现场的废气排放出去，达到换气通风的目的。

（六）顶管施工技术优化

1.加强施工监测

在顶管施工中，施工单位要注意全面优化整个流程，加强施工过程监测，避免发生质量安全问题。为此，施工单位可以构建监测体系，提高各项基础参数的准确性，避免影响测定效果。顶管施工监测的关键在于基准点的布置，施工人员要在明确项目要求和特点后正确地设置混凝土结构水准基准点，按照不超过 30 m 的标准控制其间距。通过合理应用基准点可以及时发现并处理顶管施工中的变形问题，控制施工风险。为了提高基准点布置的准确度，需要专业的技术人员进行测量并严格监管整个施工过程，收集和整理数据信息。技术人员可以设置预警值，保证监测系统可以在顶管发生异常情况时及时报警。

2.保障材料及设备质量

管材质量直接影响顶管施工的质量，因此要高度重视管材质量控制。在确定管材时，施工单位要充分考虑工程的要求，做好供货厂家的筛选，对到场的材料进行细致的检查，通过深入调查市场和多方对比选定长期合作供应商。市政管道工程顶管施工还需要使用多种类型的机械设备。为了保证顶管施工中各个设备正常运转，要注意合理选择施工机械设备，并做好设备检测，通过试运行对设备的质量情况和安全性能进行客观的判断，尤其要定期检查和维修各个零部件，及时更换磨损严重的部件。对于其他相关材料，可以通过抽样检测明确材料质量情况，避免不合格品投入使用。

3.明确工艺参数

顶管施工工艺对技术要求较高，需要根据设计值控制实际施工工艺参数，在施工中施工人员不得随意更改参数，避免对顶管施工效果产生不良影响。在顶管施工中，最为重要的参数之一就是顶管的直径。顶管直径应当根据工程需要确定，通常在 0.5 m 以上。此外，在具体实践中还要合理确定顶管的长度。顶管长度越长，接管的数量越少，越能够加快工程施工进度，有助于预防管道接口渗漏水的问题。不过顶管长度的增加也会对施工的灵活性、成本产生较大的影响，所以施工单位要综合考虑各个方面的因素，合理确定长度、直径等各项参数，最大限度地提高市政管道工程的施工质量。

二、长距离顶管施工技术

长距离顶管施工技术指的是在地下钻孔的同时，通过液压顶管技术将管道送入地下，达到在地下铺设管道的目的的施工技术。长距离顶管施工技术是不需要施工人员进行开挖作业便可以完成管道铺设的技术工艺，其推进的距离在100 m 以上，有的可达 1 000 m 甚至 2 000 m 以上。长距离顶管施工技术在市政管道工程中有着广泛的应用，与传统的管道施工技术相比，具有诸多优势，如提高管道工程施工作业的效率，降低管道工程的成本造价，减少施工作业对周围居民的日常生活所产生的负面影响，减少施工行为对周围环境所产生的不良影响等。然而，由于地下环境的复杂和不可控性，长距离顶管施工的过程相当复杂，需要采取一些关键技术措施，如选用适当的材料、深入了解地下环境、完善管控系统、采用智能化的通信技术和微地震监测技术等，以确保施工的顺利进行和管道的成功铺设。同时，在长距离顶管施工过程中，需要注意顶力不足的问题。为此，施工单位一般采用注浆减阻与中继间布置相结合的方法，在减少摩擦的同时解决后续顶管顶力不足的问题。

（一）长距离顶管施工技术的原理

长距离顶管施工主要基于顶进机械（如土压平衡顶管机）的使用，通过工作井中设置的油缸产生动力，推动顶管机不断向前顶进施工。在施工过程中，顶管机通过旋转大刀盘切割土体，将切割后的土体送入密封的土仓和螺旋输送机中；然后通过向土仓内添加清水、黏土浆或发泡剂等材料，将影响正常施工的土变为泥状土，使其具有可塑性、流动性和止水性等特点，便于螺旋输送机顺利排出，同时也能承受住土和地下水的压力，保证刀盘前面土体的稳定性。

在顶进过程中，顶管机通过电动机提供动力，转动刀盘并带动滚刀挤压掌子面围岩，使粗碎后的岩体进入破碎舱，进行二次破碎，并与泥浆混合；然后通过泥浆系统的排泥管由排泥泵输送至地面上，完成泥土的排放。在每次装管前，需要拆除电缆、泥浆管，吊放管节，并再次连接电缆、泥浆管，然后重新顶进，直至所有管道被顶入，机头完全顶出接收井。这种工艺的特点在于其非开挖性质，即大部分施工工作都在地下进行，无须开挖地面，从而减少对地面交通和环境的影响。同时，由于顶管施工能在各种土层中适应，并且可以通过泥水循环法避免泥水横溢和环境污染，因此被广泛应用于市政管道、石油天然气管道等领域。需要注意的是，长距离顶管施工涉及的技术和工艺较为复杂，需要充分考虑地下环境的特性和施工条件，采取适当的技术措施，以确保施工的安全和效率。

（二）长距离顶管施工技术应用实例

某市政给排水工程管道敷设采用的是长距离顶管施工技术，管道全长 535.5 m，沿线按照 30 m 或 40 m 的间距依次布设检查井，配套预应力筋混凝土管，抗渗等级达 S6，设 F 型柔性接口。施工单位视现场情况设置了 2 个工作井（用于顶进）和 3 个接收井（用于出洞回收工具头），协同应用，有条不紊地完成了管道顶进作业。顶管施工流程如图 4-2 所示。

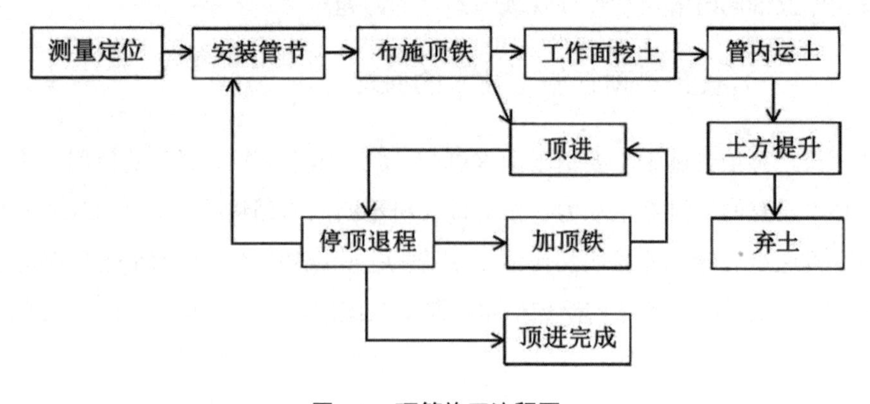

图 4-2　顶管施工流程图

1.准备工作

施工单位根据长距离顶管施工要求配置了反力架、顶管机等相关设备。为便于作业，施工单位将各类设备置于工作井内侧。出于提高顶管施工质量的目的，施工单位还配置了一系列具有高精度、高稳定性特征的辅助设备，包括经纬仪、全站仪、激光仪、水泵、电焊机等。各类设备的联合应用，对顺利地完成顶进作业提供了较大便利。例如，在顶管施工期间遇到淤泥砂或黏土层时，若仅采取人工作业的方法，将存在难度大、强度高、质量可靠性低等问题，而各类设备的联合应用则能有效突破现场地质条件所造成的局限性。

2.工作井的设置

工作井长 7 m、宽 4 m，用 C30 钢筋混凝土施作厚度为 0.4 m 的护壁，用于维持工作井的稳定性，底板厚度为 0.5 m。根据工作井的布置情况，施工单位在其外侧设置了水泥搅拌桩止水帷幕，桩径为 0.5 m，搭接量控制在 0.15 m 以内。在工作井施工环节，由人工垂直开挖，而考虑到工作井的稳定性要求（避免坍塌），每开挖 1 m 便随即采取护壁措施。此外，施工单位将合适尺寸的木桩施打至井底，以达到加固工作井的效果。

3.后背墙的设置

后背墙的设置具有必要性，原因在于其可以作为千斤顶的支撑。在此次施工中，墙高 2.76 m，厚 0.3 m，按照工作井两边内墙加宽的方法施工。施工单位还在后背墙上铺垫钢板，以提升后背受力的均匀性。此外，施工单位加强了对后背墙壁面的检测与控制，垂直度允许偏差为 0.1%，保证其与管道顶进方向垂直。

4.工作井导轨的安装

导轨可用于引导管节有序顶进。在安装导轨时，技术人员检测了管节中心高程及坡度，并根据实测结果采取了有效的控制措施，保证导轨安装位置的准确性。施工单位还加强了对导轨的监测控制，要求轴线位置偏差在 3 mm 以内。

5.千斤顶的安装

在该工程中，施工单位联合应用 3 台 200 t 千斤顶，将其安装在支架上，采取固定措施，保证千斤顶的稳定性，并与管道中心的垂线对称。为了发挥千斤顶的应用优势，施工单位精细调节了千斤顶的着力点，将其调整至管节垂直直径的1/5～1/4区域。

需要注意的是，各千斤顶的进油管应以并联的形式连接，并控制好千斤顶活塞的出力和行程；要尽可能平顺地将油管布设到位，减少转角的数量，使其具有足够的顺直性。

6.顶铁的安装

为使千斤顶的合力可以均匀地分布在管端，施工单位在千斤顶与管道端部间安装了顶铁，以维持管道顶进过程中受力的合理性，更好地调节千斤顶与管端的距离。

顶铁的安装要点：清理顶铁之间及顶铁与导轨之间的接触面，保持接触面的洁净，以提高贴合程度；在根据设计要求将顶铁安装到位后，要检测顶铁、千斤顶、管道各自的轴线，保证它们相互平行；为了避免因顶力作用而产生偏心现象，须调整顶铁轴线，尽可能使其与管道中心的垂线对称；在顶铁拼装工作落实到位后，应予以锁定，保证顶铁的稳定性；应在顶铁与管口之间垫入缓冲材料，更为均匀地分散顶力，避免出现管端局部顶力过大的情况。

7.顶进施工

（1）正常顶进

在顶进施工前，施工单位通过试运行，检查了各类设备的运行状态，确保无误。在施工初期，每顶进30 cm，施工单位至少安排1次测量，待顶进状态逐步步入“正轨”后，改为每顶进100 cm测量1次。在顶进时，施工单位要求施工人员做到边压触变泥浆边顶进，若未安排压浆作业，则不予以顶进。

（2）测量

施工单位在观测台上配置了激光经纬仪，用于观测。基本原理如下：在顶进施工初期，先调整好顶管机的测量靶，目的在于使该装置的中心与激光斑点中心重合。若实际情况表明顶管机头存在偏差，则根据操作台监视器反馈的信息判断具体情况，明确激光斑点的偏移量，进而有针对性地调整千斤顶的伸缩量（单次调整量不可过大），有效纠正顶进方向。在动态化的监控与调整过程中，使顶管机沿激光束方向前进。

为了保证市政管道的顶管精度，施工单位加强了对管线中线方向、高程和坡度的监测，做到及时发现偏差、尽快调整偏差。具体措施如下：

首先，施工单位沿线路布设四等水准路线，同时根据管线敷设规划方案，在各井口处埋设临时水准点。此举的目的在于给后续的高程放样工作提供参照基准。

其次，施工单位根据设置的导线点和水准点，准确测定井的平面位置、深度，在此基础上，根据测量放样结果合理开挖工作井。具体流程如下：确定始发井和接收井两个部位各自的管道中心点，投测至地面，在确认无误后设置醒目的标记；根据贯通导线及井口投点，在始发井边缘放样出顶进方向的坐标点，而后与井口投点一起向井下投设方向线，并将高程从井上传至井下，埋设临时水准标点；联测二井投点，将投点作为导线点，得到具有更高准确性的投点坐标；在明确各导线点后，分别设置醒目的标志，并采取固定措施和防护措施，以便在后续的施工中可以有效完成复测。

最后，施工单位于工作井下设观测台，配置仪器基座以及具有调节特性的装置（可以根据施工需求在上下左右四个方向上做灵活的调整）。对于其上架设的仪器，均对所处位置做灵活的调整，直至达到中线位置为止。此外，还有必要调整仪器横轴。

（3）纠偏

纠偏的基本原理是以顶管机测量靶激光点的偏移量为主要的参考，在经过计算后确定斜率，根据此数据判断顶管机是否有倾斜的现象，然后基于计算所得的斜率调整顶管机的方向，直至达到既定要求为止。纠偏是一项精细化的工作，为了保证纠偏效果，需要采取缓慢纠偏的方法，使各管节逐步恢复至指定位置，全程均不可强制性纠偏和大幅度纠偏。顶管机附带测量靶，在掘进初期便要加强检测与调整，使测量靶中心与激光光斑中心保持重合。在后续的顶管施工中，若掘进头有偏差，则对应的测量靶中心自然也会偏离初始状态，即不再与光斑中心重合，此时生成偏离信号，由设置在操作台的监视器显示，进而由专门人员根据实际结果完成纠偏动作。

工具头顶进初期的检测与纠偏极为关键，其会直接影响后续的顶进效果。尤其是最初顶进的 5～10 m，轴线、高程的偏差应分别不超过 50 mm、30 mm，若未满足精度要求，则应及时纠正，且应以少量、多次的原则完成纠正操作，使各管节相继复位。为此，施工单位在工具头前方的纠偏节中设置了纠偏千斤顶，当顶进期间实测结果显示现场作业确实存在偏差时，灵活地调整纠偏千斤顶，以循序渐进的方式使工具头恢复至正常姿态。例如，当工具头的方向偏差在 10 mm 以上时，需要及时安排纠偏。

在整个顶管过程中，穿墙顶进及顶进长度达到 30～40 m 时均是重点区段，若两个区段存在偏差，则将直接给全段顶进带来影响，因此需要加强控制。其中，以出墙洞最为明显。进出洞口土体会由于施工扰动作用而失稳，为此可调整千斤顶的作用力，以此实现对顶管方向的精细化控制。此外，还可借助工具头自身来达到纠偏的效果。在纠偏过程中，要及时用测斜仪和激光经纬仪测量，根据实测结果判断实际偏差是否控制在许可范围内，当纠偏效果达到要求时，即可结束纠偏。

8.其他施工措施

（1）土体加固

纵观整个顶进环节，穿墙顶进、顶管出洞属于重要节段。为此，施工单位对穿墙管前方 2 m 范围内的土体做了有效的加固处理（采取深层水泥搅拌的方法），以起到挡土、阻水的效果，保证有效顶进。

（2）触变泥浆减阻

向管壁注入适量的触变泥浆，待其固结后，即可构成稳定可靠的泥浆套。注浆应遵循即压即顶、少量多次的基本原则，以合理的方式完成注浆作业。为此，施工单位每 4 节管设 1 处注浆孔，并依次对各部分注浆。待顶进工作完成后，施工单位从注浆孔注入水泥浆，目的在于有效置换泥浆。

（3）管节接头选型

在该工程中，管道采用的是预应力混凝土管，根据其材料特性，适配的是F型柔性接口。

（4）接头防水

管段衔接部位可能存在严密性不足的问题，为此施工单位在管道接口处配置了合适规格的氯丁橡胶楔形胶圈，同时在接头内设置了止水钢环，以增强管节衔接部位的密封性，避免渗漏水问题。

三、市政管道非开挖修复技术

市政管道非开挖修复是指在市政管道所处的环境无法满足开挖重建的要求，或开挖重建很不经济、经技术经济综合分析又不应废弃的情况下，为改善管道的流动性和结构承载力，延长其使用寿命而采用的一种在线维修技术。该技术主要针对旧管道内壁存在的腐蚀和结构破坏，进行防护和修复。常用的修复方法主要有内衬法、软衬法、缠绕法、喷涂法、浇注法、管片法、化学稳定法和局部修复法等。

（一）内衬法

传统的内衬法是通过破损管道两端的检查井（或阀门井），将直径稍小的新管道插入（或拉入）旧管道中，在新旧管道间的环形间隙中灌浆，并予以固结的一种修复方法。插入的新管道一般是聚乙烯管、玻璃钢管、陶土管、混凝土管等，灌浆材料一般为水泥砂浆、化学密封胶等。

该法适用于各种圆形市政管道的局部修复，管径一般为100～2 500 mm。该法施工简单、速度快、对工人技术要求低、不需要投入大型设备，但修复后的管道过流断面积减小，会影响管道的使用。

为了弥补传统内衬法的不足，可用管径与旧管相同的聚乙烯管作为新管。

在施工前通过机械作用使其缩径，然后将其送入旧管内，再通过加热、加压或靠自然作用使其恢复到原来的形状和尺寸，从而与旧管密合。使用该法，管道的过流断面积减小很小，不需要灌浆固结，施工速度快，但只适用于圆形直线管道的修复。

管道缩径的方法一般有冷轧法、拉拔法和变形法。冷轧法是利用一台液压顶推装置向一组滚轧机推进聚乙烯管，以减小管道的直径。拉拔法是通过一个锥形的钢制拉模拉拔新管，使聚乙烯管的长分子链重新组合，从而使管径变小。变形法是通过改变聚乙烯管的几何形状来减小管道的直径。

拉拔缩径的聚乙烯管，一般通过自然作用就可恢复；冷轧缩径和变形缩径的聚乙烯管，可通过高压水或高压蒸汽使其恢复，这就需要配以高压水泵和锅炉房。

（二）软衬法

软衬法是在破损的旧管内壁上衬一层热固性树脂，通过加热使其固化，形成与旧管紧密结合的薄衬管，管道的过流断面积基本上不减小，但流动性能却大大改善的修复方法。

热固性树脂一般为液态，有非饱和的聚酯树脂、环氧树脂和乙烯树脂 3 种。为加速其聚合固化作用，可使用催化剂。聚酯树脂的催化剂用量为总树脂混合物质量的 1.5%～5%；环氧树脂的催化剂用量为总树脂混合物质量的 2%～33%；乙烯树脂的固化比较复杂，可参考有关文献选用适量的催化剂。

软衬法施工的流程如下：首先，将柔性的纤维增强软管、热固性树脂和催化剂加工成软衬管，用闭路电视摄像机检查旧管道的内部情况，然后将管道清洗干净；其次，将软衬管置入旧管内，通过水压或气压的作用使软衬管紧贴旧管的内壁；最后，通过热水或蒸汽使树脂受热固化，从而在旧管道内形成一平滑的内衬层，达到修复的目的。

软衬管置入的方法有翻转法和绞拉法两种。

翻转法也称翻转内衬法，是将软衬管的一端反翻，并用夹具固定在旧管的入口处，然后利用水压（或气压）使软衬管浸有树脂的内层翻转到外面并与管道的内壁黏接，最后向管内注入热水（或蒸汽）对管道内部进行加热，使树脂在管道内部固化形成新的管道的修复方法。

绞拉法也称绞拉内衬法，是将绞拉钢丝绳穿过欲修复的管道后一端固定在绞车上，另一端连接软衬管，靠绞车将软衬管拉入管道内，最后拆掉钢丝绳，堵塞两端，利用热水（或蒸汽）使软衬管膨胀并固化的修复方法。

软衬法适用于管径为 50～2 700 mm 的各类市政管道的修复。其优点是施工速度快、无须灌浆、没有接头、内表面光滑、可全天候施工；缺点是对施工人员的技术要求高、须借助摄像机进行内部探损、树脂须冷藏保管、需要用锅炉和循环泵提供热水进行加热、施工繁杂、难度大、造价高。

（三）缠绕法

缠绕法是将聚氯乙烯或高密度聚乙烯制成带 T 型筋和边缘公母扣的板带，用制管机将板带卷成螺旋形圆管，在制管过程中公母扣相嵌并锁结，同时用硅胶密封，在制管完成后将其送入需要修复的旧管内，再在螺旋管和旧管间灌注水泥浆，达到修复的目的的修复方法。

该法主要用于管径为 150～2 500 mm 的管道的修复，优点是施工速度快，缺点是只适用于圆形管道的修复且对施工人员的技术要求较高。

（四）喷涂法

喷涂法是用喷涂材料在管道内壁形成一薄涂层，从而对管道进行修复的方法。在用喷涂法施工时，绞车牵引高速喷头，一边后退一边将喷涂材料均匀地喷涂在需修复的管道内壁上。

喷涂材料一般为水泥浆液、环氧树脂、聚脲、改性聚脲，涂层厚度视管道破损情况而定。

喷涂法主要用于管径为 75～2 500 mm 的各种管道的防腐，也可用于在管道内形成结构性内衬。其优点是施工速度快、过流断面积损失小；缺点是涂料固化需要的时间较长且对施工人员的技术水平要求较高。

（五）浇筑法

浇筑法主要用于修复管径大于 900 mm 的污水管道。在施工时，先在污水管的内壁上固定加筋材料，安装钢模板，然后向钢模内浇筑混凝土和胶结材料以形成一层内衬，在混凝土固化后拆除模板即可。

该法可适应混凝土断面形状的变化，但过流断面积损失大。

（六）管片法

管片法是用预制的扇形管片在大口径管道内直接组合而形成内衬的修复方法。通常由 2～4 片管片组成一个断面，在管片组合后，还须在管片和原有管道的环形空间内灌浆，以便与原有管道形成一个整体。

管片通常在工厂预制，其材料为玻璃纤维加强的混凝土管片、玻璃钢管片、塑料加强的混凝土管片、混凝土管片和加筋的砂浆管片。

该法适用于管径大于 900 mm 的各种材料的污水管道的修复，可以带水作业，但过水断面积损失大，施工速度慢。

（七）化学稳定法

化学稳定法主要用于修复管道内的裂隙和空穴。在施工前，将待修复的管道隔离并清淤，然后向管道内注入化学溶液使其渗入裂隙并进入周围的土层，大约 1 个小时后将剩余溶液用水泵抽出，再注入第二种化学溶液。两种溶液的化学反应会使土颗粒胶结在一起形成一种类似混凝土的材料，达到密封裂隙和空穴的目的。

该法适用于管径为 100～600 mm 的各种污水管道的修复，在施工时对周围环境干扰小，但施工质量较难控制。

（八）局部修复法

局部修复法主要用于管道内局部的结构性破坏及裂纹的修复，采用的是套环法。

套环法是在管道须修复部位安装止水套环来阻止渗漏的方法。在施工时，在套环与旧管之间还需要加止水材料。常采用钢套环或 PVC 套环，止水材料为橡胶圈或密封胶。该法的缺点是套环会影响水的流动，容易造成垃圾沉淀，对管道疏通也有影响，当用绞车疏通时容易被拉松带走。

第三节　UPVC 管道开槽施工

UPVC 管道作为一种新型的建筑材料，已经被广泛应用于我国的市政管道中。UPVC 管道的使用不仅可以提高市政管道工程的质量，还可以提高施工效率，降低成本。

一、UPVC 管道开槽施工概述

UPVC 管道开槽施工是市政管道工程的重要环节，涉及多个关键步骤和要点。首先，施工前的准备工作至关重要，包括熟悉施工图纸，确定管道走向和所需材料的数量，确保施工区域的安全，采取必要的防护措施。其次，沟槽开挖是开槽施工的核心步骤。在沟槽开挖过程中，施工人员需要严格按照设计要求，确保沟槽底部的宽度、深度和坡度符合规定；同时，要注意避免扰动原状土，保持沟槽的稳定。在沟槽开挖完成后，要进行管道的安装。UPVC 管道的安装需要遵循特定的工艺要求，包括管道的清洁、连接、固定等步骤。在连接管道时，应使用专用的管件和密封材料，确保连接处的密封性和牢固性。在安装完成后，需要进行沟槽的回填。回填材料应选用符合要求的土壤或沙石，分层回填并逐层夯实，以确保回填的密实度和稳定性。最后，在施工结束后需要进行质量检查和验收。这包括对管道的外观、连接处、回填质量等进行全面检查，确保施工质量符合设计和规范的要求。在 UPVC 管道开槽施工过程中，还需要注意一些安全事项，如施工现场应设置明显的安全警示标志，施工人员应佩戴安全防护用品，避免发生安全事故。

总的来说，UPVC 管道开槽施工是一项复杂的工程，需要严格按照施工规范和设计要求进行操作。合理的施工组织和质量控制，可以确保 UPVC 管道开槽施工的质量和安全性。

二、UPVC 管道开槽施工准备

UPVC 管道开槽施工准备阶段的重要环节包括设计图纸审核、施工方案制定、材料准备、施工机具准备和施工人员组织。只有做好这些准备工作，才能确保施工的顺利进行和工程质量。

（一）设计图纸审核

在进行 UPVC 管道开槽施工前，首先需要对设计图纸进行详细的审核。设计图纸审核的主要内容包括：管道的走向、管径、埋设深度、连接方式、管道材料等。此外，还要注意查看图纸中管道与现有建筑物、设施的相对位置，以避免施工过程中出现冲突。在审核过程中，若发现图纸存在问题，应及时与设计单位沟通，对图纸进行修改，确保图纸的准确性。

（二）施工方案制定

施工单位应根据审核后的设计图纸，制定详细的施工方案。施工方案应包括施工顺序、施工方法、施工工艺、质量要求、安全措施等内容。在制定施工方案时，施工单位要充分考虑施工现场的实际情况，如地下水位、土壤条件、交通状况等，以确保施工方案的可行性。

（三）材料准备

施工单位应根据施工方案，提前采购所需的材料，包括UPVC管材、管件、连接件、填充材料等。在材料准备过程中，施工单位要确保所采购的材料质量符合设计要求，具有合格证书和检测报告；还要注意材料的存储和保管，防止材料受损或污染。

（四）施工机具准备

为确保施工顺利进行，施工单位应提前准备相应的施工机具设备，如挖掘机、钻机、吊车、输送泵等。在选择施工机具时，施工单位要考虑施工现场的实际情况，选择性能优良、操作简便、安全可靠的机具；还要对施工机具进行严格的检查和维护，确保其安全性能。

（五）施工人员组织

在施工前，施工单位应对参与施工的人员进行组织，根据施工任务和施工工艺，合理分配施工人员，明确各施工人员的职责。对于在施工过程中需要进行特殊操作的岗位，应安排具有相应资质和经验的人员。此外，应对施工人员进行必要的培训和技术交底，以确保施工人员的安全和施工质量。

三、UPVC 管道开槽施工工艺

（一）沟槽开挖

在 UPVC 管道开槽施工中，沟槽的开挖是至关重要的第一步。沟槽开挖要根据设计图纸和施工方案进行，确保开挖的沟槽的宽度、深度和坡度符合规范的要求。

1.确定开挖宽度

在通常情况下，沟槽宜选用直线开挖。当管道在地底连接时，可能需要增加连接处沟底宽度以提升施工便利性和连接质量。总之，具体的沟槽开挖宽度应根据管道类型、管材以及施工场地的地质条件等确定。

2.确定开挖深度

在一般情况下，施工人员应根据施工方案的要求对开挖深度进行调整。在确定开挖深度时，还应考虑地下水位和土质条件，以避免管道受潮或损坏。

3.确定沟槽的坡度

根据规范要求，沟槽的坡度应合理。在通常情况下，沟槽坡度应为 0.5%～1%之间，以保证管道内的水流畅通。在开挖过程中，施工人员应随时检查沟槽的坡度，确保其符合要求。

4.观察地下水位和土质情况

在开挖过程中，施工人员应注意观察地下水位和土质情况，如有异常，则应及时采取措施。例如，当遇到地下水位较高的情况时，施工人员可以采取降低水位、设置排水设施等方法；当遇到土质较差的情况时，可以采取加固措施，如喷锚等。

5.保护管线

在开挖过程中，施工人员应注意保护现有管线，避免对其造成损坏。当遇到原有管线时，施工人员应采取相应的保护措施，如包裹、支撑等。

6.安全生产

在进行沟槽开挖时，施工人员应严格遵守安全生产规定，确保施工安全。施工人员应穿戴安全帽、防护鞋等劳动保护用品，并遵循施工现场安全警示标志的指示。严禁无关人员进入施工现场。

在 UPVC 管道开槽施工中，沟槽开挖是关键环节。只有严格按照规范要求进行开挖，才能确保管道工程的质量和安全。

（二）垫层施工

在 UPVC 管道开槽施工中，垫层施工是至关重要的一个环节。垫层施工的主要目的是保证管道安装在稳定的基础上，防止管道沉降，从而确保管道工程的质量和稳定性。

1.垫层材料选择

垫层材料一般为均匀、颗粒适中、质地坚硬的沙石，以保证垫层的稳定性和排水性能。

2.垫层厚度确定

施工单位应根据设计要求确定垫层的厚度。当无设计要求时，可以参考以下经验值：对于直径小于等于 100 mm 的管道，垫层厚度可取 100 mm；对于直径大于 100 mm 的管道，垫层厚度可取 150 mm。

3.垫层铺设

垫层铺设应在沟槽底部进行，并确保铺设均匀。在铺设垫层前，施工人员应先对沟槽进行充分排水，避免水分对垫层造成影响。在铺设过程中，应严格控制垫层的厚度。为此，施工人员可以采用人工或机械设备进行均匀摊铺，确保垫层厚度符合设计要求。同时，要保持沟槽内的排水畅通，避免水分对垫层造成侵蚀。另外，要避免对沟槽周边环境造成破坏，如损坏地下管线、破坏植被等。

垫层施工是 UPVC 管道开槽施工中不可或缺的一环。通过合理选择垫层材料、设计垫层厚度、严格控制施工质量，可以在确保管道安装稳定的基础上，降低管道沉降的风险，使管道工程长期稳定运行。

（三）管道铺设

在管道铺设前，施工单位应选用符合国家标准的UPVC管材，并确保管道质量符合要求；应对施工人员进行技术交底，使他们明确施工要求和安全注意事项；应清理铺设范围内的杂物，确保地面平整、无尖锐物体，避免对管道造成损伤；应根据设计图纸，进行管道的预排布，确定管道的起始位置、转折点和终点位置，避免出现交叉、倒坡等问题；应对管道进行检查，清除管道内部的杂物，确保管道畅通。在管道铺设过程中，应严格按照设计图纸的要求进行操作，随时检查管道的高度、坡度和方向，确保符合设计要求，保证管道内水的流动畅通。将管道放入沟槽中后，要调整管道位置，使其符合设计要求；要保持管道平整，无扭曲、凹凸现象；要确保管道中心线与设计图纸一致；避免对管道造成损坏，如划伤、变形等；还应加强质量检查，发现问题及时整改。在完成管道铺设后，应进行管道试压和冲洗，确保管道系统密封无泄漏。此外，还应注意管道与附属设施（如检查井、雨水口等）的相互配合，确保整体工程的协调与美观。

（四）管道连接

在UPVC管道开槽施工中，管道连接是一个重要环节。连接方式主要有热熔焊接、螺纹连接和弹性橡胶圈连接。为确保连接牢固，应将连接处清理干净，确保连接处无尘、无油污等。在清理完成后，可采用专用焊接剂或密封胶进行密封，以提高连接处的密封性能。在实际施工中，还应定期检查连接处，确保连接牢固、密封良好。

1.热熔焊接

热熔焊接是一种通过加热UPVC管道使其表面熔化，然后对接并冷却固化来实现连接的方式。这种连接方式具有连接牢固、密封性能好、耐压能力强等优点。热熔焊接一般分为 5 个阶段：预热阶段、吸热阶段、加热板取出阶段、对接阶段、冷却阶段。在实际操作中，应严格按照施工工艺流程进行，以确保焊接质量。

2.螺纹连接

螺纹连接是通过将 UPVC 管道与带有螺纹的管件或阀门相连接的一种方式。这种连接方式便于拆卸和维修，适用于需要经常更换部件的场合。为保证连接牢固，可采用内外螺纹连接方式，即在 UPVC 管道上安装外螺纹接头，与带有内螺纹的管件或阀门相连接。

3.弹性橡胶圈连接

对于 UPVC 管道，弹性橡胶圈连接是一种常用的连接方式。弹性橡胶圈连接的主要步骤如下：

（1）切割管道

按要求将管道切断，并在插口端进行倒角处理，坡口端厚度为管壁的 1/3～1/2。在切断管道时，应保证切口平整且垂直于管轴线。

（2）清理管道

将残留物清除干净，进行试连接，并画出插入长度的标线。

（3）放置橡胶圈

将承口内橡胶圈及插口端工作面擦拭干净，然后将擦拭干净的橡胶圈放入承口内。

（4）涂抹润滑剂

用毛刷将润滑剂均匀地涂在承口处的橡胶圈和插口端的外表面上。禁止使用对橡胶圈有腐蚀作用的物质作为润滑剂。

（5）插入管道

将连接管的插口对准承口，保持插入管段的平直，用手动葫芦或其他拉力机械将管子一次插入至标线。若插入阻力过大，切勿强行插入，以防橡胶圈扭曲。

（6）检查安装

使用塞尺沿管圆周检查橡胶圈的安装是否正常。

（五）管道检查验收

1.管道检查

管道检查是确保管道系统无缺陷、无渗漏的重要环节。

（1）检查内容

管道检查的内容包括：

第一，管道及检查井外观：检查管道及检查井的外观，确保无破损、裂缝等缺陷。

第二，管道内部：通过内窥镜或其他检测设备，检查管道内部是否有异物、沉积物等影响管道正常使用的因素。

第三，管道连接处：检查管道连接处是否牢固，密封性能是否良好，避免出现渗漏现象。

第四，检查井：检查检查井内部是否有积水、异物等，确保检查井的功能正常。

（2）闭水试验

闭水试验是管道检查的重要环节，主要用于检测管道的密封性和渗漏情况。闭水试验的步骤如下：

第一，试验前的准备：首先，需要确保管道及检查井外观质量已验收合格；其次，管道两端应封堵严密、牢固，确保管堵可以承受压力；最后，需要选好排放水的位置，不得影响周围环境。此外，应确保水源满足闭水需要，且不影响其他用水。

第二，注水浸泡：首先，按照施工图纸设计说明，了解工程管道规格、长度及分布情况，然后按照验收规范要求选取试验段；然后，将水灌至试验段上游的管内顶以上 2 m，并浸泡管道和井 1～2 天。在此过程中，要检查管堵、管道、井身是否有漏水和严重渗水现象。

第四，在注水浸泡完成后，开始闭水试验：首先，将水灌至规定的水位，并开始记录；然后，根据井内水面的下降值计算渗水量，如果渗水量不超过规定允许渗水量，则试验合格。对渗水量的测定时间应不少于 30 min。

第四，在闭水试验结束后，应及时停止供水，并做好排水和灌溉记录；同时，要清理管道，确保管道内部无积水和其他杂物。

闭水试验的目的是确保管道在使用过程中不会出现渗漏问题，从而提高使用效率，降低成本。因此，闭水试验必须严格按照规定的要求进行，并遵循相关的操作步骤和技术要求，确保管道的质量和安全。

2.管道验收

管道验收的标准如下：

第一，管道及检查井外观质量良好，无破损、裂缝等缺陷。

第二，管道内部清洁，无异物、沉积物等。

第三，管道连接处牢固，密封性能良好，无渗漏现象。

第四，检查井内部无积水、异物，功能正常。

在 UPVC 管道开槽施工完成后，必须进行严格的检查验收，并闭水试验，确保管道系统无渗漏、无缺陷，保证管道的质量和稳定性，为我国城市提供安全、可靠的基础设施。

四、UPVC 管道开槽施工注意事项

（一）严格遵循施工图纸和施工方案，确保施工质量

在 UPVC 管道开槽施工过程中，首要任务是严格遵循施工图纸和施工方案，以确保施工质量。施工图纸和施工方案是 UPVC 管道开槽施工的指南，对管道走向、管道规格、埋设深度、连接方式等都作出了要求。施工人员需要对

这些内容进行深入研究和理解，以确保工程符合设计要求和规范。此外，施工单位应定期对施工质量进行检查，如管道连接质量、回填土质量等。一旦发现不符合要求的地方，应及时进行整改，以保证 UPVC 管道的使用寿命和运行安全。

（二）在开挖过程中，避免对周边环境造成损害

在 UPVC 管道开槽施工过程中，开挖是必不可少的环节。然而，开挖可能会对周边环境造成一定程度的损害，如损坏地下管线、影响交通等。因此，在开挖前，施工单位应对施工现场进行详细调查，了解地下管线、设施等情况，制定合理的开挖方案。在开挖过程中，应采用合理的开挖方式和方法，如分层开挖、对称开挖等，以减小对周边环境的影响。当遇到地下管线或其他设施时，应及时与相关部门沟通，采取保护措施，避免造成损失。在施工过程中，应通过合理规划施工进度、设置临时交通标志等，尽量减少对交通的影响。

（三）确保管道材料的质量和性能，防止施工质量问题

UPVC 管道作为市政公用工程中重要的管道设施，其质量和性能直接关系到工程的安全和稳定运行。为确保施工质量，施工单位应选用正规厂家生产的优质 UPVC 管材和管件，确保原材料的质量，并对采购的管道材料进行严格验收，检查管道外观、规格、材质等方面是否符合要求。在施工过程中，施工人员要严格按照规范要求进行管道连接，避免连接方式不当导致的施工质量问题。施工单位要加强对施工过程的质量监督，确保在施工过程中不出现偷工减料、违规操作等问题。

（四）加强施工安全管理，确保施工过程中人员的安全

在 UPVC 管道开槽施工过程中，施工安全至关重要。为确保施工过程中人员的安全，施工单位应开展安全培训，增强施工人员的安全意识，使其掌握基

本的安全知识和操作技能；应制定完善的安全管理制度和应急预案，明确各岗位的安全职责，确保在施工过程中安全措施得到有效执行；应在施工现场设置安全警示标志，提醒施工人员注意安全；在施工过程中，应加强对施工现场的安全巡查，及时发现并消除安全隐患。

（五）及时进行场地清理，恢复环境原貌

在施工完成后及时进行场地清理是保证环境整洁和交通安全的重要环节。具体内容包括：清理施工现场的废弃物和杂物，确保施工现场干净整洁；对开挖的沟槽进行回填，并恢复原状，避免影响周边环境；清理施工现场的临时设施和设备，确保施工现场安全畅通；对施工现场进行环境整治，恢复绿化和其他设施，使施工现场达到环保要求。

五、UPVC 管道开槽施工质量控制要点

（一）管道质量

在 UPVC 管道开槽施工中，管道的质量至关重要，管道应符合现行国家标准的规定，管道的材料、规格、压力等级等应符合设计要求。管节宜采用工厂预制，以确保质量可控。管道的内外表面应光滑，无砂眼、裂纹等缺陷。管道的连接材料应与管道材料相匹配，且具有优良的连接性能。

（二）管道连接质量

管道连接是 UPVC 管道开槽施工的关键环节，连接质量直接影响到管道的使用寿命和安全性。管道连接应遵循现行国家标准，确保连接牢固。在进行管道连接时，应确保管壁厚度一致、对口平整、接缝符合相关规范的要求。管道任何位置不得有十字形接缝。

（三）质量验收

质量验收包含两个方面的内容：管道安装质量验收、施工质量验收。

管道安装质量验收是确保管道施工质量的关键环节，主要内容包括：检查管道安装位置、高度、坡度等是否符合设计要求；检查管道连接质量，确保连接牢固；检查管道衬砌质量，确保结构稳定，无裂缝、空鼓等缺陷；进行压力试验，验证管道的安全性能。

施工质量验收的主要内容包括：检查土方回填质量，确保回填土密实、无明显沉降；检查路面恢复质量，确保路面平整、无裂缝、无积水；检查绿化质量，确保绿化植被生长良好、景观效果达标。

（四）售后服务

在施工完成后，首先，施工单位应提供一定时期的质保服务。在质保期内，施工单位须对管道运行过程中出现的问题进行及时处理。其次，施工单位应向用户提供相关管道操作、维护、检修等方面的培训和指导，确保用户正确使用管道设施。最后，施工单位应定期对管道进行巡检，及时发现并处理潜在问题，确保管道安全、稳定运行。此外，当用户在管道使用过程中遇到问题时，施工单位应提供及时、有效的售后咨询服务，协助用户解决问题。

UPVC 管道开槽施工在市政管道工程中起着重要作用。只有严格遵循施工要求，加强质量控制，才能确保施工的顺利进行，从而为我国市政管道工程的发展贡献力量。

第四节　其他市政管道工程

一、市政燃气管道工程

（一）燃气管网系统的组成

燃气包括天然气、人工燃气和液化石油气。燃气经长距离输气系统输送到燃气分配站（也称作燃气门站），在燃气分配站将压力降至城市燃气供应系统所需的压力后，由城市燃气管网系统输送分配到各用户使用。因此，城市燃气管网系统是指自气源厂或城市门站到用户引入管的室外燃气管道。现代化的城市燃气输配系统一般由燃气管网、燃气分配站、调压站、储配站、监控与调度中心、维护管理中心组成。

城市燃气管网系统根据所采用的压力级制的不同，可分为一级系统、二级系统、三级系统和多级系统 4 种。一级系统仅用低压管网来输送和分配燃气，一般适用于小城镇的燃气供应系统。二级系统由低压和中压两级管网组成。三级系统由低压、中压和高压三级管网组成。多级系统由三个以上压力等级的管网组成。

在选择城市燃气管网系统时，应综合考虑城市规划、气源情况、原有城市燃气供应设施、不同类型的用户用气要求、城市地形和障碍物情况、地下管线情况等因素，通过技术经济比较，选用经济合理的最佳方案。

（二）燃气管道的布置

城市燃气管道和给排水管道一样，也要敷设在城市道路下，它在平面上的布置要根据管道内的压力、道路情况、地下管线情况、地形、管道的重要程度等因素确定。

高压、中压输气管网的主要作用是输气，并通过调压站向低压管网配气。因此，高压输气管网宜布置在城市边缘或市内有足够埋管安全距离的地带，并应成环，以增强输气的可靠性。中压输气管网应布置在城市用气区便于与低压环网连接的规划道路下，并形成环网，以增强输气和配气的安全可靠性。但中压管网应尽量避免沿车辆来往频繁的城镇主要交通干线敷设，以免造成施工和维护管理困难。在管网建设初期，可以根据实际情况将高压、中压管网布置成半环形或枝状网，并与规划环网有机联系，随着城市建设的发展再将半环形或枝状网改造成环状网。

低压管网的主要作用是直接向各类用户配气。根据用户的实际情况，低压管网除以环状网为主体外，还允许与枝状网并存。低压管道应按规划道路定线，与道路轴线或建筑物的前沿平行，沿道路的一侧敷设。在有轨电车通行的道路下，当道路宽度大于 20 m 时应双侧敷设。在低压管网中，输气的压力低，沿程压力降的允许值也较低，因此低压环网的每环边长不宜太长，一般控制在300～600 m。

为保证在施工和检修时市政管道间互不影响，同时也为了防止由于燃气泄漏而影响相邻管道的正常运行，甚至飘入建筑物内对人身造成伤害，地下燃气管道与建筑物、构筑物基础以及其他管道之间应保持一定的距离。

（三）燃气管材及附属设备

1.燃气管材

用于输送燃气的管材种类很多，应根据燃气的性质、系统压力和施工要求来选用，并要满足机械强度、抗腐蚀、抗震及气密性等要求。一般而言，常用的燃气管材主要有以下几种：

（1）钢管

常用的钢管主要有普通无缝钢管和焊接钢管。其中，用于输送燃气的常用焊接钢管是直焊缝钢管，常用管径为 DN6 mm～DN150 mm。对于大口径管道，可采用直缝卷焊管（DN200 mm～DN1 800 mm）和螺旋焊接管（DN200 mm～DN700 mm），其管长为3.8～18 m。钢管具有承载力大、可塑性好、管壁薄、便于连接等优点，但抗腐蚀性差，须采取可靠的防腐措施。

（2）铸铁管

用于燃气输配管道的铸铁管，一般为铸模浇铸或离心浇筑铸铁管，铸铁管的抗拉强度、抗弯曲和抗冲击能力不如钢管，但其抗腐蚀性比钢管好，广泛应用于中压、低压燃气管道。

（3）塑料管

塑料管具有耐腐蚀、质轻、流动阻力小、使用寿命长、施工简便、抗拉强度高等优点，近年来在燃气输配系统中得到了广泛应用，目前应用最多的是中密度聚乙烯和尼龙-11 塑料管。但塑料管的刚性差，在施工时必须夯实槽底土壤，才能保证管道的敷设坡度。

此外，铜管和铝管也可用于燃气输配管道上，但由于其价格昂贵，使其应用规模受到了一定程度的限制。

2.附属设备

为保证燃气管网的安全运行，并考虑到检修的方便，在管网的适当地点要设置必要的附属设备。常用的附属设备主要有以下几种：

（1）阀门

阀门的种类很多，在燃气管道上常用的有闸阀、截止阀、球阀、蝶阀、旋塞。闸阀的流动阻力小，启闭省力。截止阀依靠阀瓣的升降来达到开闭和节流的目的，使用方便，安全可靠，但阻力较大。球阀的体积小，动作灵活，阻力损失小，能满足通过清管球的需要。蝶阀的调节性能好，启闭方便、迅速、省力，流体阻力小。截止阀和球阀主要用于液化石油气和天然气管道上，闸阀和有驱动装置的截止阀、球阀只允许装在水平管道上。旋塞是一种动作灵活的阀门，阀杆转90°即可达到启闭的目的。常用的旋塞有2种：一种是利用阀芯尾部螺母的作用，使阀芯与阀体紧密接触，不致漏气。这种旋塞只允许用于低压管道上，称为无填料旋塞。另一种为填料旋塞，利用填料来堵塞阀体与阀芯之间的间隙以避免漏气。这种旋塞体积较大，但较安全可靠。

（2）补偿器

补偿器是消除管道因胀缩而产生的应力的设备，常用于架空管道和需要进行蒸汽吹扫的管道上。补偿器一般安装在阀门的下侧，相关人员可以利用其伸缩性能，对阀门进行拆卸与检修。在埋地燃气管道上，多用钢制波形补偿器，其补偿量约为 10 mm。为防止补偿器中存水锈蚀，可由套管的注入孔灌入石油沥青，因此在安装时注入孔应在上方。补偿器的安装长度应是螺杆不受力时补偿器的实际长度，否则不但不能发挥其补偿作用，反而会使管道或管件受到不应有的应力。

在通过山区、坑道和地震多发区的中压、低压燃气管道上，可使用橡胶-卡普隆补偿器。它是带法兰的螺旋皱纹软管，软管是用卡普隆布作夹层的胶管，外层用粗卡普隆绳加强。其补偿能力在拉伸时为 150 mm，压缩时为 100 mm，优点是纵横方向均可变形。

（3）排水器

为排除燃气管道中的冷凝水和轻质油，在管道敷设时应有一定的坡度，低处可设排水器，由其将汇集的油或水排出。排水器之间的距离应根据油量或水量而定，通常取 500 m。

根据燃气管道中压力的不同，排水器有不能自喷和自喷 2 种。在低压燃气管道上，安装不能自喷的低压排水器，水或油要依靠抽水设备来排除。在高压、中压燃气管道上，安装能自喷的高压、中压排水器，由于管道内压力较高，水或油在排水管旋塞打开后可自行排除。为防止剩余在排水管内的水在冬季结冰，应另设循环管，使排水管内水柱上下压力平衡，水依靠重力回到下部的集水器中。为避免被燃气中的焦油和萘等杂质堵塞，排水管和循环管的管径应适当加大。

排水器还可用于观测燃气管道的运行状况，并可作为消除管道堵塞的手段。

（4）放散管

放散管是一种专门用来排放管道内部的空气或燃气的装置。在管道投入运行时，放散管可用于排除管道内的空气；在检修管道或设备时，放散管可用于排除管道内的燃气，防止在管道内形成爆炸性的混合气体。放散管应安装在阀门井中，在环状网中阀门的前后都应安装，在单向供气的管道上则安装在阀门前。

（5）阀门井

为保证管网的运行安全与操作方便，市政燃气管道上的阀门一般都设置在阀门井中。阀门井一般用砖、石砌筑，要坚固耐久并有良好的防水性能，其大小要方便工人检修，井筒不宜过深。

（四）燃气管道的构造

燃气管道在施工时只要保证管材及其接口强度满足要求，做好防腐、防冻，并保证在使用中不致因地面荷载引起损坏即可。燃气管道的构造一般包括基础、管道、覆土 3 部分。

1.基础

燃气管道的基础可以防止管道不均匀沉陷造成的管道破裂或接口损坏。同给水管道一样，燃气管道一般情况下也有天然基础、砂基础、混凝土基础 3 种基础，使用情况和给水管道相同。

2.管道

管道要采用符合设计要求的管材，常用的燃气管材前文已论述。

3.覆土

燃气管道埋设在地面以下，其管顶以上应有一定厚度的覆土，以保证在正常使用时管道不会因各种地面荷载作用而损坏。燃气管道宜埋设在土壤冰冻线以下，在车行道下覆土厚度不得小于 0.8 m；在非车行道下覆土厚度不得小于 0.6 m。

二、市政热力管道工程

（一）热力管网系统的组成

根据输送的热媒的不同，市政热力管网一般有蒸汽管网和热水管网 2 种形式。不管是蒸汽管网还是热水管网，根据管道在管网中的作用，均可分为供热主干管、支干管和用户支管 3 种。

（二）热力管网的布置

热力管网的布置应在城市规划的指导下对进行。主干管要尽量布置在热负荷集中区，力求短直，尽可能减少阀门和附件的数量。在通常情况下，主干管应沿道路一侧平行于道路中心线敷设。当在地上敷设时，不应影响城市美观和交通。

同给水管网一样，热力管网的平面布置也有环状网和枝状网 2 种形式。

枝状管网布置简单，管径随距热源距离的增大而逐渐减小，管道用量少，投资少，运行管理方便。但当管网某处发生故障时，故障点以后的用户将停止供热。由于建筑物具有一定的蓄热能力，在迅速消除故障后，建筑物室温不致大幅度降低。在枝状管网中，为了缩小事故的影响范围和迅速消除故障，在主干管与支干管的连接处以及支干管与用户支管的连接处均应设阀门。

环状管网仅指主干管布置成环，而支干管和用户支管仍为枝状网。其主要优点是供热可靠性强，但其投资大，运行管理复杂，要求有相应的自动控制措施。因此，枝状管网是热力管网普遍采用的方式。

（三）热力管网的敷设

热力管道的敷设分地上敷设和地下敷设 2 种类型。

地上敷设是指管道敷设在地面以上的独立支架或建筑物的墙壁上。根据支架高度的不同，一般有低支架敷设、中支架敷设、高支架敷设 3 种形式。当采用低支架敷设时，管道保温结构底距地面净高为 0.5～1.0 m。它是最经济的敷设方式。当采用中支架敷设时，管道保温结构底距地面净高为 2.0～4.0 m。它适用于人行道和非机动车辆通行地段。当采用高支架敷设时，管道保温结构底距地面净高为 4.0 m 以上。它适用于供热管道跨越道路、铁路或其他障碍物的情况，但该方式投资大，应尽量少用。地上敷设的优点是构造简单、维修方便、不受地下水和其他管线的影响，缺点是占地面积大、热损失大、美观性差，因此多用于厂区和市郊。

地下敷设是热力管网普遍采用的方式，分地沟敷设和直埋敷设 2 种形式。当采用地沟敷设时，地沟是敷设管道的围护构筑物，用以承受土压力和地面荷载并防止地下水的侵入。直埋敷设适用于热媒温度小于 150 ℃的供热管道，常用于热水供热系统。直埋敷设管道采用“预制保温管”，它将钢管、保温层和保护层紧密地黏成一体，使其具有足够的机械强度和良好的防腐防水性能，具有很好的发展前途。地下敷设的优点是不影响市容和交通，因此市政热力管网经常采用地下敷设。

（四）热力管道及其附件

1.热力管道

市政热力管道通常采用无缝钢管和钢板卷焊管。

2.阀门

热力管道上的阀门通常有 3 种类型，一是起开启或关闭作用的阀门，如截止阀、闸阀；二是起流量调节作用的阀门，如蝶阀；三是起特殊作用的阀门，如单向阀、安全阀、减压阀等。截止阀的严密性较好，但阀体长，介质流动阻力大，通常用于全开、全闭的热力管道，一般不做流量和压力调节用；闸阀只用于全开、全闭的热力管道，不允许做节流用；蝶阀阀体长度小，流动阻力小，调节性能优于截止阀和闸阀，在热力管网上广泛应用，但造价高。

3.补偿器

为了防止市政热力管道在升温时，由热伸长或温度应力引起的管道变形或破坏，需要在管道上设置补偿器，以补偿管道的热伸长，从而减小管壁的应力和作用在阀件或支架结构上的作用力。

热力管道补偿器有 2 种：一种是利用材料的变形来吸收热伸长的补偿器，如自然补偿器、方形补偿器和波纹管补偿器；另一种是利用管道的位移来吸收热伸长的补偿器，如套管补偿器和球形补偿器。

4.管件

市政热力管网常用的管件有弯管、三通、变径管等。弯管的壁厚不得小于管道壁厚；钢管的焊制三通、支管开孔应进行补强，对于承受管子轴向荷载较大的直埋管道，应考虑三通干管的轴向补强；变径管应采用压制或钢板卷制，其壁厚不得小于管道壁厚。

（五）热力管道构造

市政热力管道在施工时只要保证管材及其接口强度满足要求，并根据实际情况采取防腐、防冻措施，在使用过程中保证不致因地面荷载引起损坏，不会产生过多的热量损失即可。因此，热力管道的构造一般包括基础、管道、保温结构、覆土 4 部分。

热力管道的基础可以防止管道不均匀沉陷造成的管道破裂或接口损坏。同给水管道一样，热力管道一般情况下也有天然基础、砂基础、混凝土基础 3 种基础，使用情况和燃气管道相同。

管道保温的目的是减少热媒的热损失，防止管道外表面的腐蚀，避免运行和维修时烫伤人员。常用的保温材料有：岩棉制品、石棉制品、硬质泡沫塑料制品。

热力管道埋设在地面以下，其管顶以上应有一定厚度的覆土，以保证正常使用时管道不会因各种地面荷载作用而损坏。热力管道宜埋设在土壤冰冻线以下。当采用直埋敷设时，车行道下的最小覆土厚度为 0.7 m，在非车行道下的最小覆土厚度为 0.5 m；在采用地沟敷设时，车行道和非车行道下的最小覆土厚度均为 0.2 m。

（六）热力管道附属构筑物

热力管道附属构筑物指的是在热力管道工程中，用于支撑、配合和保护管道正常运行的构筑物。其种类繁多、分类复杂、设计要求严格。下面简单介绍几种热力管道附属构筑物。

1.井口

井口又称检修井或人孔井，是供热管道系统中的重要附属构筑物之一，通常位于管道的拐角处或重要交叉点，主要用于热力设备的维护和检修。井口有不同的形状和大小，应根据实际需要进行设计。

2.支管井

支管井是指连接主管道和分支管道的结构，它通常位于管道的分支点，起到存储冷却介质和调节分支管道的作用。支管井和主管道之间的连接通道的密封性要强，以防止冷却介质泄漏。

3.供热站

供热站是供热管网的重要附属设施，是供热网络与热用户的连接场所。它的作用是根据热工况和不同的条件，采用不同的连接方式，将热网输送的热媒加以调节、转换，向热用户系统分配热量以满足用户需要，并根据需要，进行集中计量、检测供热热媒的参数和数量。

此外，热力管道系统上还设置有多种控制输送介质的设施和用于检查维护的构筑物，如各种类型的阀门井、进出水口等，这些都是热力管道工程的组成部分。

三、市政电力管线工程、电信管线工程

（一）市政电力管线工程

市政电力管线包括电源和电网两部分，其用电负荷主要包括住宅照明用电、公共建筑照明用电、城市道路照明用电、电气化交通用电、给排水设备用电、生活用电、标语美术照明用电、小型电动机用电等。

城市供电电源有发电厂和变电所 2 种类型。发电厂有火力发电厂、水力发电厂、风力发电厂、太阳能发电厂、地热发电厂和原子能发电厂等，目前广泛使用的是火力发电厂和水力发电厂。变电所有变压变电所和交流变电所 2 种。

从电源输送电能给用户的输电线路称为电网。城市电网的连线方式一般有树干式、放射式和混合式 3 种。树干式是各用电设备共用一条供电线路，优点是导线用量少、投资低，缺点是供电可靠性低。放射式是各用电设备均从电源以单独的线路供电，优点是供电可靠性高，缺点是导线用量多、投资高。混合式是放射式和树干式并存的一种布置方式。

城市电网沿道路一侧敷设，有导线架空敷设和电缆埋地敷设 2 种方式。

1.导线架空敷设

导线架空敷设需要以下设施设备的支持：

第一，电杆基础。电杆基础的作用主要是防止电杆在垂直荷载、水平荷载及事故荷载的作用下，产生上拔、下压甚至倾倒现象。

第二，电杆。电杆多为锥形，用来安装横担、绝缘子和架设导线。城市中一般采用钢筋混凝土杆，线路的特殊位置也可采用金属杆。根据电杆在线路中的作用和所处的位置，电杆可分为直线杆、耐张杆、转角杆、终端杆、分支杆和跨越杆 6 种基本形式。

第三，导线。导线是输送电能的导体，应具有一定的机械强度和耐腐蚀性能，以抵抗风、雨、雪和其他荷载的作用以及空气中化学杂质的侵蚀。

第四，横担。横担装在电杆的上端，用来安装绝缘子、固定开关设备及避雷器等，一般为铁横担或陶瓷横担。

第五，绝缘子。绝缘子俗称瓷瓶，用来固定导线并使导线间、导线与横担间、导线与电杆间保持绝缘，同时承受导线的水平荷载和垂直荷载。常用的绝缘子有针式、蝶式、悬式和拉紧式。

第六，金具。金具是架空线路中各种金属联结件的统称，用来固定横担、绝缘子、拉线和导线。一般有联结金具、接续金具和拉线金具。

当架空的裸导线穿过市区时，应采取必要的安全措施，以防触电事故的发生。

2.电缆埋地敷设

电缆线路和架空线路的作用完全相同，但与架空线路相比具有不用杆塔、占地少、整齐美观、传输性能稳定、安全可靠等优点，在城市电网中使用较多。

电力电缆一般由导电线芯、绝缘层及保护层 3 部分组成。

我国的电缆产品，按其芯数有单芯、双芯、三芯、四芯之分，线芯的形状有圆形、半椭圆形、扇形和椭圆形等。当线芯的截面大于 16 mm^2 时，通常采用多股导线绞和并压紧而成，以增强电缆的柔软性和结构稳定性。电缆的型号由汉语拼音字母组成，有外护层时则在字母后加上 2 个阿拉伯数字。

电缆埋地敷设有直埋敷设和电缆沟敷设 2 种方式。直埋敷设施工简单、投资少、散热条件好，应优先考虑采用。电缆沟敷设是将电缆置于沟内，一般用于不宜直埋的地段。

电缆沟进户处应设防火隔墙，在引出端、终端、中间接头和走向有变化处均应挂标示牌，注明电缆规格、型号、回路及用途，以便维修。

（二）市政电信管线工程

城市通信包括邮政通信和电信通信。邮政通信主要传送实物信息，如传递信函、包裹、汇兑、报刊等。电信通信则主要利用电来传送信息。

城市电信通信网络一般采用多局制，即把市话的局内机械设备、局间中继线以及用户线路网连接在一起，构成多局制的市电话网，将城市划分为若干个区，每个区设立一个电话局，称为分局，用中继线连通各分局。

市话通信网包括机械设备、线路、用户设备。其中线路是用户与电话局之间联系的纽带，用户只有通过线路才能达到通信的目的。

电信线路包括明线和电缆两种。明线线路就是架设在电杆上的金属线对；电缆可以架空也可以埋设在地下，一般大城市的电缆都埋入地下，以免影响市容。铠装电缆可直接埋入地下，铅包电缆或光缆要穿管埋设。

通信电缆的规格型号一般由分类代号、导体、绝缘、内护层、特征（派生）、外护层和规格 7 部分组成。

电信线路不管是架空还是埋地敷设，一般应避开易使线路损伤、毁坏的地段，宜布置在人行道或慢车道上（下），尽量减少与其他管线和障碍物的交叉跨越。

1.架空敷设

对架空敷设的明线而言，电信线（弱电）与电力线（强电）应分杆架设，分别布置在道路两侧。

不同线路架空敷设的拉线应符合下列规定：

（1）本地电话网线路

第一，当线路偏转角小于 30° 时，拉线与吊线的规格相同。

第二，当线路偏转角为 30° ～60° 时，拉线应采用比吊线规格大一级的钢绞线。

第三，当线路偏转角大于 60° 时，应设顶头拉线。

第四，线路长杆档应设顶头拉线。

第五，顶头拉线采用比吊线规格大一级的钢绞线。

（2）长途光缆线路

第一，终端杆拉线规格应比吊线规格大一级。

第二，角杆拉线，当角深小于 13 m 时，拉线规格与吊线规格相同；当角深大于 13 m 时，拉线规格应比吊线规格大一级。

第三，当两侧线路负荷不同时，应设顶头拉线，拉线规格应与拉力较大一侧的吊线规格相同。

第四，抗风杆和防凌杆的侧面与顺向拉线的规格均应与吊线规格相同。

第五，假终结、长杆档拉线规格与吊线规格相同。

2.埋地敷设

一般在用户较固定、电缆条数不多、架空困难又不宜敷设管道的地段采用直埋电缆。直埋电缆应敷设在冰冻层下。在市区内，最小埋设深度为 0.7 m；在郊区，最小埋设深度为 1.2 m。

为便于日后维修，应在适当地方埋设电缆标志，如电缆线路附近有永久性建筑物或构筑物，则可将其墙角或其他特定部位作为电缆标志，测量出与直埋电缆的相关距离，标注在竣工图纸上；否则，应制作混凝土或石材的标志桩，将标志桩埋于电缆线路附近，记录标志桩到电缆线路的相关距离。标志桩有长桩和短桩之分，长桩的边长为 15 mm，高度为 150 mm，用于土质松软地段，埋深为 100 mm，外露 50 mm；短桩的边长为 12 mm，高度为 100 mm，用于一般地段，埋深为 60 mm，外露 40 mm。标志桩一般埋于下列地点：

第一，电缆的接续点、转弯点、分支点、盘留处或与其他管线交叉处。

第二，电缆附近地形复杂、有可能被挖掘的场所。

第三，电缆穿越铁路、城市道路、电车轨道等障碍物处。

第四，直线电缆每隔 200～300 m 处。

电缆管道是埋设在地面下用于穿放通信电缆的管道，一般在城市道路定型、主干电缆多的情况下采用，常用水泥管块，特殊地段（如公路、铁路、水沟、引上线）使用钢管、石棉水泥管或塑料管。水泥管块的管身应完整，不缺棱短角，管孔的喇叭口必须圆滑，管孔内壁应光滑平整。

通信用塑料管一般有聚氯乙烯塑料管和高密度聚乙烯塑料管。聚氯乙烯塑料管包括单孔双壁波纹管、多孔管、蜂窝管和格栅管。单孔双壁波纹管的外径一般为 100～110 mm，单根长度为 6 m，广泛用于市话电缆管道。蜂窝管为多孔一体结构，单孔形状为五边形或圆形，单孔内径为25～32 mm，单根管长一般在6 m以上。多孔管也为多孔一体结构，孔为圆形或六边形，其他同蜂窝管。

电缆管道一般敷设在人行道或绿化带下，当不得不敷设在慢车道下时，应尽量靠近人行道一侧，不宜敷设在快车道下。

全塑电缆芯线色谱排列端别应符合标准，电缆芯线基本单位（10对或25对）的扎带颜色以白、红、黑、黄、紫为领示色，以蓝、橘、绿、棕、灰为循环色。100对及以上的市话电缆要按设计规定的端别布放，当设计不明确时，在征得设计单位和建设单位同意后，可按如下端别规定布放：

第一，配线电缆：A端在局方向，B端在用户方向。

第二，市话局-交接设备主干电缆：A端在局方向（总配线架方向），B端在交接设备方向（用户方向）。

第三，交接设备-用户配线电缆：A端在交接设备方向，B端在用户方向。

第四，汇接局-分局中继电缆：A端在汇接局方向，B端在分局方向。

第五，分局-支局中继电缆：A端在分局方向，B端在支局方向。

为了便于电缆引上、引入、分支和转弯，应设置电缆管道检查井，其位置应在管线分支点、引上电缆汇接点、市内用户引入点等处，最大间距不超过120 m，有时可小于100 m。井的内部尺寸一般为宽0.8～1.8 m、长1.8～2.5 m、深1.1～1.8 m。电缆管道的检查井应与其他管线的检查井相互错开，并避开交通繁忙的路口。

第五章　市政地铁工程施工技术

第一节　明挖法施工

一、明挖法的概念

明挖法指的是在地下结构工程施工时，从地面向下分层、分段依次开挖，直至达到结构要求的尺寸和高程，然后在基坑中进行主体结构施工和防水作业，最后回填恢复地面的施工方法。明挖法是市政地铁工程的主要施工方法之一。在工程周围环境和交通条件允许，车站或区间隧道埋深较浅时，优先选用明挖法施工。

二、明挖法的基本类型

（一）先墙后拱

先墙后拱适用于地形有利、地质条件较好的各种浅埋隧道和地下工程。其施工步骤是：先开挖基坑或堑壕，再以先边墙后拱圈（或顶板）的顺序施作衬砌和敷设防水层，最后进行洞顶回填。当地形和施工场地条件许可，边坡开挖后又能暂时稳定时，可采用带边坡的基坑或堑壕；当施工场地受到限制，或边坡不稳定时，可采用直壁的基坑或堑壕，此时坑壁必须进行支护。

（二）先拱后墙

先拱后墙适用于破碎岩层和土层的隧道和地下工程施工。其施工步骤是：从地面先开挖起拱线以上部分，按地质条件可开挖成敞开式基坑或支撑的直壁式基坑，接着修筑顶拱，然后在顶拱掩护下挖中槽，分段交错开挖马口，修筑边墙。

（三）墙拱交替

墙拱交替将上述两种类型相结合，边墙和顶拱的修筑相互交替进行，适用于不能单独采用先墙后拱或先拱后墙的特殊情况。其施工步骤是：先开挖外侧边墙部位土石方，修筑外侧边墙；开挖部分堑壕至起拱线，修筑顶拱；分段交错开挖余下的堑壕，修筑内侧边墙。

三、明挖法的分类

按照边坡围护方式的不同，明挖法一般可分为放坡明挖法、悬臂支护明挖法和围护结构加支撑明挖法 3 种形式。

（一）放坡明挖法

放坡明挖法是根据隧道侧向土体边坡的稳定能力，由上向下分层放坡开挖隧道所在位置及其上方土体至设计隧道基底高程后，再由下向上施作隧道衬砌结构和防水层，最后施作结构外填土并恢复地表状态的施工方法。放坡明挖法一般在边坡面不加设支护，可采用喷混凝土面和锚杆进行护坡。放坡明挖法要求施工开挖深度较浅，场地地基土质较好，且基坑平面有足够的空间用于放坡。该方法施工简单、经济实用，可在空旷地区或周边环境允许时，在保证边坡稳定的条件下优先选用。

此外，放坡明挖法又可进一步分为全放坡明挖和半放坡明挖。全放坡明挖基坑采取放坡开挖，不进行坑墙支护，根据地质条件采用适宜的边坡坡度，分层、分段开挖至所需深度进行结构施工，完成施工后进行回填和恢复。半放坡明挖则是在基坑底部设置一定高度的悬臂式钢柱，增强土壁的稳定性。

（二）悬臂支护明挖法

悬臂支护明挖法是指将基坑围护结构插入基底高程以下一定深度，然后在围护结构的保护下开挖基坑内的土体至设计基底高程后，再由下向上顺作主体结构和防水层，最后回填土以恢复地表状态的施工方法。

（三）围护结构加支撑明挖法

围护结构加支撑明挖法是指当基坑较深、围护结构的悬臂较长时，在不增加围护结构的刚度和插入深度的条件下，在围护结构的悬臂范围内架设水平支撑以加强围护结构来共同抵抗较大的外侧土压力的施工方法。其施工步骤是：在主体结构由下向上顺作的过程中，按要求的时序逐层、分段拆除水平支撑，完成结构体系转换，最后施作结构外回填土并恢复地表状态。

第二节　新奥法施工

一、新奥法的概念

所谓新奥法，即新奥地利隧道修建方法的简称。此种方法是由奥地利学者腊布希维兹（W. B. Rabeciwice）在喷锚支护的基础上提出来的，并于1954—

1955 年首次应用于奥地利的普鲁茨-伊姆斯特电站的压力输水隧道工程中，后经其他国家隧道工作者的理论研究和工程实践，于 1963 年在奥地利召开的第八次国际土力学会议上被正式命名为新奥法，并取得了专利权。

新奥法与传统方法相比最根本的区别在于，传统方法把围岩看作荷载的来源，其围岩压力全部由支护结构承担，围岩被视为松散结构，无自承能力；而新奥法恰恰相反，它把支护结构和围岩本身看作一个整体，二者共同作用达到稳定洞室的目的，而且大部分围岩压力是由围岩体本身承担的，支护结构只承担少部分的围岩压力。新奥法的提出，使隧道设计理论和施工工艺发生了根本性变革，之后新奥法迅速被许多国家的隧道工作者所接受，并应用于各种各样的隧道工程中。

二、新奥法的基本原理

由于在隧道工程中的成功应用，新奥法当前已被国内外作为隧道结构设计和施工的重要方法。新奥法的理论基础是最大限度地发挥围岩的自承作用。以喷射混凝土、锚杆加固和量测技术为三大支柱的新奥法，有一套尽可能保护隧道围岩原有强度、容许围岩变形，但又不致出现强烈松弛破坏，及时掌握围岩和支护变形动态的隧道开挖与支护原则，使隧道围岩变形与限制变形的结构支护抗力保持动态平衡，使施工方法具有很好的适用性和经济性。新奥法的基本原理如下：

第一，围岩是隧道结构的主要承载部分。

第二，在开挖后，要对围岩进行加固，以使围岩在开挖卸载后不失去原有的强度。

第三，在隧道围岩支护过程中，应尽量减少围岩卸载位移的程度。

第四，在隧道围岩支护过程中，一方面允许围岩有一定的位移，从而产生受力环区；另一方面，又必须限制围岩位移的程度以避免因围岩变形过大而产生严重的松弛和卸载。

第五，初次支护的主要作用不是承担隧道围岩所失去的承载力，而是保持围岩的自承状态，防止产生严重的松弛和卸载。

第六，初次支护的建造应是适时的，延迟一定时间可以使围岩在开挖后来得及变形并形成承力保护区，以达到较好的支撑效果。

第七，围岩自稳时间既可通过对围岩地质条件的初步调查来评定，又可通过在建造过程中量测隧道洞周的位移来评定。

第八，喷射混凝土由于具有可填平凸凹面、与围岩密贴等特点，使围岩不发生严重的应力重分布，因此常被用来作为初次支护，必要时还使用锚杆、钢筋网和钢拱架。

第九，喷射混凝土本身具有强度高和可变形的特点，其整体的结构效应通常可视为薄壳。

第十，在隧道开挖后需要及时建造仰拱，以形成封闭结构。

第十一，初次支护只要没有被腐蚀破坏，即可视为整体承重结构的一部分。

第十二，孔洞从开挖到封闭所需的时间主要取决于施工方法，围岩的变化很难定量解释，可利用施工前的地质调查资料进行估计，在施工过程中需要通过测量来控制和修改。

第十三，从静力学角度来看，当隧道横截面为圆形时受力条件最为有利。因此，设计的横截面应尽可能接近圆形或椭圆形，严格限制超挖和欠挖。

第十四，应特别注意施工过程中工程荷载对隧道受力的影响。为了尽量限制开挖后隧道围岩二次应力重分布程度和松动圈形成的范围，应尽可能减少开挖次数，或至少拱部采用一次开挖方案。

第十五，为了提高隧道结构的安全度及达到密封的效果，可建造薄层内衬砌，使结构内不产生过大的弯曲应力，内层与外层之间只传递压力。

第十六，为了增加衬砌的强度，一般不增加其厚度而增加钢筋含量（钢拱）。增强整个结构的刚度可通过增加锚杆的个数或增加锚杆的长度以形成围岩受力环来实现。

第十七，对整体结构系统的稳定性和安全度评价及设计结构需要加强的必要性以及设计结构刚度的减小，均可根据建造过程中的应力及变形状态的测量结果来确定。

第十八，控制外源水压和静水压力的手段是在外壳（必要时也在内壳）上设置软管及足够的密封排水装置。

三、新奥法的施工原则

（一）少扰动

在进行隧道开挖时，应尽量减少对围岩的扰动次数、扰动强度、扰动范围和扰动持续时间，因此要求：能用机械开挖的就不用钻爆法开挖；当采用钻爆法开挖时，严格控制爆破；尽量采用大断面开挖；根据围岩级别、开挖方法、支护条件选择合理的循环掘进进尺；自稳性差的围岩，循环掘进进尺应短一些，支护尽量紧跟开挖面，缩短围岩应力松弛时间。

（二）早支护

开挖后应及时施作初期喷锚支护，使围岩的变形进入受控状态。这样做一方面是为了使围岩不致因变形过度而产生坍塌失稳；另一方面是使围岩变形适度发展，以充分发挥围岩的自承能力。在必要时可采取超前预支护措施。

（三）勤量测

用直观、可靠的量测方法和量测数据，准确评价围岩（或围岩加支护）的稳定状态，判断其动态发展趋势，以便及时调整支护形式、开挖方法，可以确保施工安全和顺利进行。量测是现代隧道及地下工程理论的重要标志之一，也是掌握围岩动态变化过程的手段和进行工程设计、施工的依据。

（四）紧封闭

采用喷射混凝土等防护措施，对围岩施工做封闭式支护，及时阻止围岩变形，避免围岩因长时间裸露而发生强度和稳定性衰减，使支护和围岩能进入良好的共同工作状态。

第三节　浅埋暗挖法施工

一、浅埋暗挖法的概念

浅埋暗挖法是以加固软弱地层为前提、采用足够刚性的复合式衬砌结构、选用合理的开挖方式、应用信息化量测反馈，以保证施工安全和控制地面沉降的一种施工方法。

二、浅埋暗挖法的基本原理

浅埋暗挖法沿用了新奥法的基本原理，创建了信息化量测反馈设计和施工的新理念。该法采用先柔后刚复合式衬砌和新型支护结构体系，初期支护按承担全部基本荷载设计，二次模筑衬砌作为安全储备，初期支护和二次衬砌共同承担特殊荷载。

在应用浅埋暗挖法设计和施工时，应同时采用多种辅助工法，超前支护以改善加固围岩，调动部分围岩的自承能力；应采用不同的开挖方法及时支护、封闭成环，使其与围岩共同作用形成联合支护体系。在施工过程中，应用监控量测、信息反馈和优化设计，实现不塌方、少沉降和安全施工。

浅埋暗挖技术多用于第四纪软弱地层。该类地层由于围岩自承能力比较差，为避免对地面建筑物和地下构筑物造成破坏，需要严格控制地面沉降量。为此，初期支护要刚度大，支护要及时。初期支护必须从上向下施工，二次模筑衬砌必须通过变位量测，当结构基本稳定时才能施工，而且必须从下往上施工，绝不允许先拱后墙施工。

三、浅埋暗挖法分类

（一）全断面法

全断面法是一种按设计使开挖面一次开挖成形的施工方法。全断面开挖有较大的工作空间，适用于大型配套机械化施工，施工速度较快，因单工作面作业，便于施工组织管理。但全断面法因开挖面大，围岩相对稳定性会降低，且每个循环工作量相对较大，因此要求具有较强的开挖能力、出渣能力和相应的支护能力。

全断面法的施工顺序如下：

第一，用钻孔台车钻眼，然后装药连线。

第二，退出钻孔台车，引爆炸药，开挖出整个隧道的断面轮廓。

第三，排除危石，安装拱部锚杆（必要时），喷射第一层混凝土。

第四，用装渣机械将石渣装入出渣车运出洞外。

第五，安装边墙锚杆（必要时），喷射第一层混凝土。

第六，在必要时拱、墙喷射第二层混凝土。

第七，按上述工序开始下一循环作业。

第八，在围岩和初期支护基本稳定后，按施工组织要求的日期施作二次模筑混凝土衬砌及灌筑隧道底部混凝土。

采用全断面法施工应注意如下事项：

第一，摸清开挖面前方的地质情况，随时准备好应急措施（包括改变施工方法），以确保施工安全。尤其应注意防备地质条件突然发生恶化，如地下泥石流、涌水等。

第二，各工序使用的机械设备务求配套，以充分发挥机械设备的使用效率，确保各工序之间的协调，在保证隧道稳定安全的条件下，提高施工速度。

第三，在软弱破碎围岩中使用全断面法开挖时，应加强对辅助施工方法的设计和作业检查，以及对支护后围岩的动态量测与监控。

（二）台阶法

台阶法一般是将设计断面分成上半断面和下半断面实施两次开挖成形，有时也采用台阶上部弧形导坑超前开挖。

采用台阶法施工可以有足够的工作空间和适宜的施工速度，但上下部作业有干扰。台阶开挖虽增加了对围岩的扰动次数，但台阶有利于开挖面的稳定。尤其是上部开挖支护后，下部作业就较为安全，但应注意下部作业对上部稳定性的影响。

采用台阶法施工应注意如下事项：

第一，台阶长度要适当。台阶按长短可分为长台阶、短台阶和紧跟台阶3种。选用何种台阶，应根据两个条件来确定：一是初期支护形成闭合断面的时间要求，围岩稳定性愈差，闭合时间要求愈短；二是上半断面施工时开挖、支护、出渣等机械设备所需的空间大小的要求。

第二，解决好上下半断面作业的相互干扰问题。长台阶上下工作面的距离被拉开，工作面之间的干扰较小；而短台阶工作面之间的干扰就较大，要注意作业组织；紧跟台阶基本上是合为一个工作面进行同步掘进。对于长度较短的隧道，可将上半断面贯通后，再进行下半断面的施工。

第三，在下半断面开挖时，应注意上半断面的稳定。若围岩稳定性较好，则可以分段顺序开挖；若围岩稳定性较差，则应缩短下半断面掘进循环进尺；若围岩稳定性很差，则可以左右错开，或先挖中槽后挖边帮。

（三）分部开挖法

分部开挖法是将隧道断面分部开挖逐步成形，且一般将某部分超前开挖，故也可称为导坑超前开挖法。常用的分部开挖法有上下导坑超前开挖法、上导坑超前开挖法和单（双）侧壁导坑超前开挖法等。分部开挖法因减小了每个坑道的跨度（宽度），能显著增强坑道围岩的相对稳定性，且易于进行局部支护，因此它主要适用于围岩软弱、破碎严重的隧道或设计断面较大的隧道。但分部开挖法由于作业面较多，各工序间的干扰较大，且增加了对围岩的扰动次数，若采用钻爆掘进，则不利于围岩的稳定，施工组织和管理的难度亦较大。导坑超前开挖有利于提前探明地质情况并予以及时处理，但若采用的导坑断面过小，则施工速度会比较慢。

第四节　盾构法施工

盾构法是一种全机械化施工方法，它是将盾构机械在地层中推进，通过盾构外壳和管片支承四周围岩防止发生往隧道内的坍塌，同时在开挖面前方用切削装置进行土体开挖并通过出土机械运至洞外，靠千斤顶在后部加压顶进，并拼装预制混凝土管片，形成隧道结构的一种施工方法。

一、盾构机及其工作原理

盾构机是一种用于隧道暗挖施工，具有金属外壳，壳内装有整机及辅助设备，在其外壳掩护下进行土体开挖、土渣排运、整机推进和管片安装等作业，使隧道一次成型的机械。

盾构机是一种隧道掘进的专用工程机械，现代盾构机集机、电、液、传感、信息技术于一体，具有开挖切削土体、输送土渣、拼装隧道衬砌、测量导向纠偏等功能。盾构机已广泛用于地铁、铁路、公路、市政、水电等工程。

盾构机的工作原理就是一个钢结构组件沿隧道轴线边向前推进边对土壤进行掘进。这个钢结构组件的壳体称“盾壳”。盾壳对挖掘出的还未衬砌的隧道段起着临时支护的作用，承受周围土层的土压、地下水的水压，将地下水挡在盾壳外面。掘进、排土、衬砌等作业在盾壳的掩护下进行。

开挖面的稳定方法是盾构机工作原理的主要方面，也是盾构机区别于岩石掘进机的主要方面。岩石掘进机通常是指全断面岩石隧道掘进机，它以岩石地层为掘进对象。岩石掘进机与盾构机的主要区别就是不具备承受泥水压、土压等维护掌子面稳定的功能，而盾构机主要有稳定开挖面、掘进及排土、管片衬砌及壁后注浆三大功能。

二、盾构机的构造

盾构机的种类繁多，根据盾构机在盾构施工中的功能，其基本构造主要分为盾构壳体、推进系统、拼装系统三大部分。

（一）盾构壳体

盾构机的盾构壳体从工作面开始均可分为切口环、支承环和盾尾三部分。

1.切口环

切口环部分是开挖和挡土部分，它位于盾构机的最前端，在施工时先切入地层并掩护开挖作业。部分盾构切口环前端设有刃口，以减少切入掘进时对地层的扰动。切口环起着保持工作面稳定的作用，并作为将开挖下来的土砂向后方运输的通道。因此，采用机械化开挖、土压式盾构、泥水加压式盾构时，应根据开挖下来的土砂的状态，确定切口环的形状和尺寸。

切口环的长度主要取决于盾构正面支撑、开挖的方式，就手掘式盾构而言，考虑到正面施工人员挖土机具工作要有回旋的余地等，大部分手掘式盾构切口环的顶部比底部长，犹如帽檐，有的还设有千斤顶控制的活动前沿，以增加掩护长度。对于盾构机，切口环内按不同的需要安装各种不同的机械设备，这些设备用于正面土体的支护及开挖，而各类机械是由盾构机种类而定的。

2.支承环

支承环是盾构机的主要结构之一，是承受作用于盾构机上全部载荷的骨架。它紧接于切口环，位于盾构中部，通常是一个刚性很好的圆形结构。地层压力、所有千斤顶的反作用力，以及切开入土正面阻力、衬砌拼装时的施工载荷均由支承环承受。

盾构机支承环外沿布置了千斤顶，中间则布置了拼装机及部分液压设备、动力设备、操纵控制台。当切口环压力高于常压时，在支承环内要布置人行加减压舱。

支承环的长度应不小于固定盾构千斤顶所需的长度，对于有刀盘的盾构机，还要考虑安装切削刀盘的轴承装置、驱动装置和排土装置的空间。

3.盾尾

盾尾一般由盾构壳体钢板延伸构成，主要用于掩护隧道管片衬砌的安装工作。盾尾设有密封装置，以防止水、土及压注材料从盾尾与衬砌之间进入盾构内。当盾尾密封装置损坏、失效时，在施工中途必须进行修理更换，因而盾尾长度要满足上述各项工作的条件。

从整体结构上考虑，盾尾厚度应尽量小，这样可以缩小地层与衬砌间形成的建筑间隙，从而减少压浆工作量、缩小对地层的扰动范围，这有利于施工。但盾尾也需要承担土压力，在遇到纠偏及隧道曲线施工时，还有一些难以估计的荷载出现。因此，盾尾是一个受力复杂的圆筒形薄壳体，其厚度应综合上述因素来确定。

盾尾密封装置要能适应盾尾与衬砌间的空隙，由于在施工中纠偏的频率很高，因此密封材料要富有弹性、耐磨、防撕裂、能止水。止水的形式有很多，目前较为理想且常用的是采用多道、可更换的盾尾密封装置，盾尾的道数根据隧道埋深、水位高低来定，一般取 2～3 道。

盾尾的长度必须根据管片宽度和形状及盾尾的道数来确定，对于机械化开挖式、土压式、泥水加压式盾构机，还要根据盾尾密封的结构来确定，最少应保证衬砌组装工作的进行，同时必须考虑在衬砌组装后因管片破损而需要更换管片，以及修理盾构千斤顶和在曲线段进行施工等因素，故必须给予一些余裕量。

（二）推进系统

推进系统主要由盾构千斤顶和液压设备组成。盾构千斤顶沿支承环周围均匀分布。千斤顶的台数和每个千斤顶的推力要根据盾构机外径、总推力大小、衬砌构造、隧道断面形状等条件来确定。

盾构千斤顶支座一般用铰接形式与千斤顶端部连接，以使千斤顶推力能均匀分布在衬砌端面上，尤其在曲线段施工时，铰接支座更有必要。

推进系统的液压设备主要由液压泵、驱动电机、操作控制装置、油冷却装置和输油管路组成。除操作控制装置安装在支承环工作平台上外，其余大多数装置都安装在盾构机后面的液压动力台车上。

（三）拼装系统

拼装系统即衬砌拼装器，其主要设备为举重臂，以液压为动力。一般举重臂安装在支承环后部。有的中小型盾构机因受空间限制，举重臂安装在后面的台车上。举重臂做旋转、径向运动，还能沿隧道中线做往复运动，完成这些运动的精度应能保证待装配的衬砌管片的螺栓孔与已拼装好的管片螺栓孔对好，以便插入螺栓固定。

目前，欧洲国家在制作盾构机时，常采用真空吸盘装置，该装置具有管片夹持简便、拼装平稳及碎裂现象少等优点。超大型盾构机较多应用此类装置。

三、盾构机的分类

（一）接断面形状分类

盾构机根据其断面形状可分为单圆盾构机、复圆盾构机（多圆盾构机）、非圆盾构机。其中，复圆盾构机可分为双圆盾构机和三圆盾构机；非圆盾构机可分为椭圆形盾构机、矩形盾构机、类矩形盾构机、马蹄形盾构机、半圆形盾构机。复圆盾构机和非圆盾构机统称为“异形盾构机”。

（二）按直径大小分类

盾构机根据盾构直径大小可分为以下几类：盾构直径为 0.2～2 m，称为微型盾构机；盾构直径为 2～4.2 m，称为小型盾构机；盾构直径为 4.2～7 m，称为中型盾构机；盾构直径为 7～12 m，称为大型盾构机；盾构直径大于 12 m，称为超大型盾构机。

（三）按支护地层的形式分类

盾构机按支护地层的形式分类，主要分为自然支护式、机械支护式、压缩空气支护式、泥浆支护式、土压平衡支护式等 5 种类型。

（四）按开挖面与作业室之间隔板的构造分类

盾构机按开挖面与作业室之间隔板构造的不同，可分为敞开式盾构机和闭胸式盾构机两种。其中，敞开式盾构机又可分为全敞开式盾构机（包括手掘式盾构机、半机械式盾构机、机械式盾构机）、部分敞开式盾构机（挤压式盾构机），闭胸式盾构机又可分为压气式盾构机（压缩空气盾构机）、泥水式盾构机（泥水加压平衡盾构机）、土压式盾构机（包括土压平衡盾构机、加泥式土压平衡盾构机）。

四、盾构法施工的主要环节

（一）盾构始发

盾构始发是指利用反力架及临时拼装起来的管片承受盾构机前进的推力，盾构机在始发基座上向前推进，由始发洞门贯入地层，开始沿所定线路掘进所做的一系列工作。盾构始发是盾构施工过程中开挖面稳定控制最难、工序最多、容易产生危险事故的环节，因此进行始发施工各个环节的准备工作至关重要。其主要内容包括盾构机反力架及始发基座安装、盾构机组装就位空载调试、洞口密封系统安装、负环管片拼装、盾体前移、盾构机贯入地层等。

（二）盾构掘进

盾构在空载向前推进时，应主要控制盾构的推进油缸行程和限制盾构每一环的推进量。

在盾构向前推进的同时，应检查盾构是否与始发台、始发洞发生干扰或是否有其他异常情况或事故发生，确保盾构安全地向前推进。

在盾构始发施工前，须对盾构机掘进过程中的各项参数进行设定，在施工中再根据各种参数的使用效果及地质条件变化在适当的范围内进行调整和优化。需要设定的参数主要有土压力、推力、刀盘扭矩、推进速度及刀盘转速、出土量、同步注浆压力、添加剂使用量等。盾构掘进施工过程中的轴线控制是整个盾构施工过程的一个关键环节，盾构在施工中大多数情况下不是沿着设计轴线掘进的，而是在设计轴线的上下左右方向摆动，偏离设计轴线的差值必须满足相关规范的要求，因此在盾构掘进中要采取一定的措施来控制隧道轴线的偏离。

在推进前，工程技术人员要根据盾构机目前的姿态、地质变化、隧道埋深、地面荷载、地表沉降、刀盘扭矩、千斤顶推力等各种勘探、测量数据信息，正确下达每班掘进指令，并及时跟踪调整。

盾构机操作人员执行指令，根据土压平衡的原理，确认土压的设定值，并将其输入土压平衡自动控制系统。

平衡压力的设定是土压平衡式盾构施工的关键，维持和调整设定的压力值又是盾构推进操作中的重要环节，这里包含着推力、推进速度和出土量三者之间的关系，对盾构施工轴线和地层变形量的控制起主导作用，所以盾构机操作人员在盾构施工中应根据不同土质和覆土厚度、地面建筑物，配合地面监测信息的分析，及时调整平衡压力值；同时精确控制盾构机姿态，控制每次的纠偏量，减少对土体的扰动，并为管片拼装创造良好的条件；还要根据推进速度、出土量和地层变形的监测数据，及时调整注浆量，从而将轴线和地层变形控制在允许范围内。

盾构机操作人员应根据掘进指令和前一环衬砌的姿态、间隙状况，及时、有效地调整各项掘进参数，如推进速度、千斤顶分区域油压等；应及时纠正初始出现的小偏差，尽量避免盾构机走蛇形路线。盾构机一次纠偏量不能过大，应采用“少量多次”的纠偏原则，以减少对地层的扰动。纠偏注意事项：①在切换刀盘转动方向时，保留适当时间间隔，切换速度不宜过快；②在出现偏差后及时根据掌子面地层情况调整掘进参数，调整掘进方向，避免引起更大的偏差；③蛇行的修正以长距离缓慢修正为原则，如修正过急，蛇行反而会更加严重；④在直线推进的情况下，选取盾构当时所在位置点与设计线上远方的一点作一直线，然后以这条线为新的基准进行线形管理；⑤在曲线推进的情况下，使盾构机当时所在位置点与远方点的连线同设计曲线相切。

（三）盾构到达

盾构到达施工流程：到达端头加固→盾构机定位及洞口位置复测→到达段掘进→贯通后渣土清理→洞门临时密封装置安装→接收基座安装→盾构机推上接收基座→盾构洞门圈封堵。

第六章　市政公用工程项目管理

第一节　市政公用工程施工组织管理

施工组织管理作为市政公用工程管理中必不可少的一环，对施工进度、施工质量具有重要影响。因此，施工单位应重视组织管理工作。

一、市政公用工程施工组织管理的概念

市政公用工程施工组织管理主要是指施工单位为完成施工任务，从接受施工任务起，到工程验收完的整个工程周期，紧扣施工对象和施工现场所开展的生产事务的组织管理工作。施工组织管理面向的是市政公用工程建设项目，旨在对整个市政公用工程建设项目进行统筹规划，为市政公用工程施工提供有力指导，保证施工进度。加强市政公用工程施工组织管理，对提高市政公用工程管理有效性至关重要。

二、市政公用工程施工组织管理策略

要想做好市政公用工程的施工组织管理，施工单位应做到以下 3 点：

（一）开展好组织设计工作

1.明确施工特征

在开展市政公用工程组织设计时，施工单位应明确市政公用工程的实际特征，对市政公用工程的结构特征、施工环节等进行综合分析；应从工程量、工程性质、工程功能需求等视角，分析市政公用工程的平面图及施工模型，继而进行细节上的设计；应制订与地方气候环境、地质条件相符的施工计划，并对现场开展深入勘察；应结合技术、设备、运输等要素进行设计，推进施工的有序开展。

2.合理安排施工工序

在安排施工工序时，施工单位应通过对各项施工因素的综合分析，为交叉作业提供有效便利。为此，施工单位应从准备阶段、施工阶段、安装阶段及竣工阶段入手，开展工序分析，增强组织设计的现实意义。在准备阶段，施工单位应重视图纸审核，保证图纸设计与施工准备的有效衔接；应提出图纸中存在的模糊性问题，有效把握图纸的设计理念；应对材料进行再次验收，了解施工成本；应组织施工人员开展安全学习，预先防范施工中潜在的安全问题，并制定相应的安全要求，并要求施工人员彼此间开展安全监督。在施工阶段，施工单位应遵循先下后上原则：在地下预埋管线施工期间，应有效避开既有的预埋设施，并根据地质条件采取合适的施工技术；在地面施工期间，应当先开展主体施工，继而开展辅助建设，并对施工人员、施工设备进行有效控制，防止施工期间发生彼此干扰的情况。另外，在施工期间，施工单位还应开展好对施工环节的监督检查工作，结合施工问题予以调整，并结合返工情况，对施工计划进行完善。在竣工阶段，施工单位应依据验收指标，进行必要的成本测算。如果工程难以一次性通过验收，则应对施工进度进行把控，以确保达到施工要求。

（二）构建健全的组织管理体系

要想构建健全的市政公用工程施工组织管理体系，施工单位应建立起单位内部各部门与职工之间的紧密联系，从而建立一个科学完备的组织。在实际工作中，施工单位应做到权责具体、分工明确，若有临时任务或特殊任务，可结合岗位特点安排相应人员去完成。对于存在一定危险性的施工项目，或存在一定技术难度的施工项目，施工单位应安排技术水平较高的施工人员去完成，以确保施工组织管理工作的有序开展及有效落实。通过加大对市政公用工程施工现场的监管力度，施工单位可及时发现施工现场中的安全隐患，并及时解决，为施工人员营造良好的施工环境。对此，一方面，施工单位应加大对施工人员思想教育及技术培训的力度，使施工人员熟悉我国现行法律法规，促使施工人员在日常工作中有效落实一系列规范要求及操作程序等；另一方面，施工单位应逐步构建健全的监管体系，建立科学完备的管理机制，以避免安全事故的发生。为此，施工单位可以依托技术监测和动态分析等方式，提高施工人员对市政公用工程建设项目施工安全性的认识。另外，施工单位还应不断建立完善的监督机制和责任制度，以确保监管人员严格履行自身的职责，防止发生由违规操作引发的安全事故。

（三）加强市政公用工程机械设备的管理

随着各式各样市政公用工程机械设备的推广，在市政公用工程中，施工单位唯有建立科学完备的机械设备安装、运行及维护方案，并严格落实，方可切实提升市政公用工程机械设备的运行稳定性及运行效率。同时，在市政公用工程机械设备运行期间，倘若发生故障，要及时维修，否则不仅会影响施工进度，还会提高成本投入。

1.明确市政公用工程机械设备安装施工要点

为更好地开展市政公用工程机械设备的安装施工工作，相关人员应熟悉施工流程，掌握重要的施工工艺。为确保市政公用工程机械设备的安装质量，施工单位应做好以下几个方面的工作：一是垫板施工。为调节好机械设备标高，减轻机械设备震动，应进行垫板施工。垫板在施工基础操作界面和底座之间，可发挥调节和传输震动能量的作用，在施工过程中可基于对机械设备高度的调节，将运行期间产生的能量传输至地面。二是机械设备灌浆。对于一些高速运行或者重型的机械设备，在运行期间容易产生剧烈震动，若缺乏可靠固定，就可能致使设备基础地脚螺栓松动，影响设备稳定性，甚至可能引发安全事故。因此，施工人员应先固定其底座，再对部件进行组装。机械设备灌浆包括一次灌浆和二次灌浆，前者主要面向地脚螺栓孔开展灌浆处理，后者则面向底座与基础之间的灌浆。三是机械设备调试。为更好地开展市政公用工程机械设备的调试工作，相关人员应切实依据操作流程及相关规范要求进行调试。在调试期间，应随时对安装的相关零件设备予以校准，并进行反复检查。为了将螺丝钉固定牢靠，切忌在配置机座期间随意切割或焊接相关设备。在设备安装结束后，应予以及时标记，并对连接位置予以加固处理。在进行设备调试时，施工单位应当安排专业人员进行现场监督检查，一旦发现调试问题，应及时与相关人员进行沟通协调，实现对问题的有效解决。

2.适时对市政公用工程机械设备进行维修养护

为保证市政公用工程机械设备的有序运行，施工单位应安排专门人员应适时对其进行维修养护。首先，施工单位应结合市政公用工程机械设备的实际情况，制订与其运行规律相符的维护计划，如每日定期巡检，或者每周对容易发生故障的设备进行深入检查等。在检查过程中，一旦发现设备运行隐患，应采取有效的处理方法。其次，市政公用工程机械设备在运行一段时间后，难免会发生磨损、老化、开裂等故障，所以施工单位应采取必要的日常维修养护措施，如润滑、清洗、更换等，保证设备能够正常运行。最后，随着时间的推移，市政公用工程机械设备的关键技术会不断发展，所以施工单位应与时俱进，不断革新设备的运行保障及维修养护技术。在此过程中，相关工作人员应结合实际情况，学习各式各样的新技术、新工艺，逐步提高自身的技术水平，以确保机械设备维护工作的顺利进行。

总而言之，市政公用工程具有规模庞大、施工难度高的特征，施工组织管理应贯穿市政公用工程施工的全过程。

第二节　市政公用工程施工合同管理

市政公用工程是我国城市基础设施建设的重要组成部分，其顺利实施有利于提高城市的现代化水平，提升居民居住环境的舒适性。我国社会主义市场经济体制的逐步完善带动了工程建设领域施工合同管理的逐步规范。在市政公用工程的施工过程中，完善的合同管理制度可以维护合同主体双方的权利，保证施工顺利进行。所以，加强市政公用工程施工合同管理能够在一定程度上推进市政公用工程建设，从而提升城市化建设水平。

一、市政公用工程施工合同管理的作用

（一）保证市政公用工程施工的顺利进行

市政公用工程施工合同的产生是市场化运行的结果，合同的存在是市政公用工程顺利进行的重要保证。市政公用工程涉及的工程款金额巨大，牵扯双方利益，如果发生利益纠纷，可能造成一方或者双方的较大损失。正规的市政公用工程施工合同明确了双方的权利和义务，是保证双方合法利益的重要基础，可以避免为市政公用工程的正常施工带来不良影响。同时，市政公用工程施工合同对工程的质量、技术、工序等方面进行了详细的规定，从法律的角度对施工内容进行明确，能够进一步提升市政公用工程施工的质量和安全水平。

（二）处理纠纷的依据

在市政公用工程施工合同签订之初，已经依据法律规定条款在合同中列明双方的权利、义务以及各类可能发生事件的处理方式。在施工过程中出现的问题，可依据合同条款进行处理。如果施工合同的订立出现问题，那么在实际的

施工过程中出现的风险问题就可能会缺少依据，甚至引起扯皮现象，极易造成双方的利益受损。

（三）规范和制约各方行为

市政公用工程施工合同可以规范、制约合同双方的行为，保证施工顺利进行。一般的生产经营型企业通过签订合同可以保证产品的正常供应，一方出现违约的情况，另一方可以通过合同规定获得经济补偿。但是对于施工合同来说，出现违约的情况可能不能用金钱衡量，而是直接关系到工程的质量和进程。工程质量得不到保证或者工程一拖再拖甚至烂尾，会直接导致人民的生命财产受到损害。所以，市政公用工程施工合同管理至关重要。

二、市政公用工程施工合同管理存在的难点

（一）合同主体平等意识淡薄

随着我国社会主义市场经济的发展，人们的法律意识越来越强。为了在不触犯法律的条件下更多地维护自身的利益，在合同签订过程中，业主作为出资方，利用自身的有利地位在招投标初期拟定的合同是将自己的利益放在首位的，投标方如果不同意合同的条款就会失去投标的资格，同时在中标之后施工方也不能大量修改施工合同，造成合同中可能存在不平等的合同条款。如果发生纠纷，一方不履行合同，则可能出现另一方索赔比较困难的情况。合同主体平等意识淡薄造成的合同条款不平等和双方地位不平等，是比较常见的，这可能导致弱势一方的合同管理工作难以进行，制约施工合同的公正性和公平性。

（二）合同参与方行为不规范

在市政公用工程施工过程中，由于各方对问题的认识不同及社会复杂关系

的存在，施工项目可能会受到影响。例如，在施工过程中，业主、代理机构可能会有故意缩减工期、确定某家固定的供货商、不按照合同规定支付工程款等不良行为。设计方可能会有在施工中随意更改已经敲定的设计方案、降低材料或设备的使用标准、使用指定厂家的材料或者设备等不良行为。施工单位可能会对所承包的工程进行二次分包，采取“以包代管”“以罚代管”等方式；不遵守相关技术规范，一味偷工减料；在施工中不进行规范性操作，不关注施工安全、施工质量；不控制进场人员，随意缩减施工机械设备数量；等等。

（三）合同管理体系不健全

合同是主体双方履行责任和义务的最低标准，是施工过程中的重要依据。合同主体双方均应遵守合同，依据合同的具体规定进行相应的活动。但是，一些建筑企业的合同管理体系是不完善的，这会导致企业员工不了解各个管理部门的权责，当合同执行过程中发生各类问题，便会出现推脱责任的状况。合同管理体系的不健全也会造成很多的细节被忽视，这样一来，合同执行的难度会增大，合同管理的作用也就难得到充分发挥。

（四）专业合同管理人员缺乏

市政公用工程施工合同需要由专业人员进行管理。然而，目前部分市政公用工程中的合同管理人员并非专业人员。市政公用工程合同管理是一项对综合能力要求较高的工作，从业人员需要具备工程方面的知识，同时对经济和法律知识也要有一定的了解。一些市政公用工程合同管理人员都是从其他部门转职而来，缺少应该具备的专业知识，这就导致在合同的签订及实施过程中无法进行专业的判断，无法针对工程本身提出专业性的意见，这可能导致施工项目的合同管理工作出现问题。

（五）合同主体风险防范意识薄弱

市政公用工程施工合同主体对合同的重视程度不够、风险防范意识薄弱，可能导致合同条款不够细化，进而导致合同管理工作难以有效开展，对施工进度和施工质量造成影响。

三、市政公用工程施工合同管理优化措施

（一）增强合同主体的平等意识

在签订合同的过程中，合同主体双方应在平等的基础上，本着互惠互利的原则制定合同条款。这不但有利于双方对合同的履行，更有利于保证工程的质量。双方不能一味维护己方的利益，制定不平等条款。双方应树立平等意识，懂得运用法律手段维护自身合法权益。同时，执法部门要在严格按照法律法规执法的同时，保护合同主体双方的合法权益，高度重视合同纠纷问题，确保合同执行过程的顺畅性。

（二）规范合同参与方行为

合同文件是保证市政公用工程施工顺利进行的基础性文件。合同主体双方应该准确且全面地了解合同文件的内容。合同文件对工程施工具有极强的制约性和规范性，要求合同主体双方必须严格执行。为此，在施工过程中，合同主体双方要按照合同内容，规范自身的行为，重视关键技术节点、质量控制手段。合同主体双方可按照质量检测标准，在某一关键节点的工作完成后安排质量检测，及时发现工程中存在的问题。合同主体双方可制定明确的条款，要求进行分阶段验收，并制定惩罚条款，以保证施工按照合同规定严格执行。合同主体双方一定要有大局意识，杜绝不良现象的发生。

（三）完善合同管理体系

市政公用工程合同管理非常复杂，需要参照详细的管理制度来执行。合同管理制度所含内容很多，主要包括合同交底制度、每日工作报送制度、责任分解制度、进度款项审批制度等。因此，合同主体双方应完善合同管理体系，按照相关规定进行合同管理。若出现了工期延误的问题，则应从每日合同管理报告查起，找出工期延误的原因及开始延误的时间，之后还应按照合同规定找出对应的责任人，厘清责任、明确责任。所有的合同管理工作均须有市政公用工程合同管理体系来支撑，当管理体系完善时，各项工作才能更加顺利地开展。

（四）引入专业合同管理人员

市政公用工程合同管理离不开专业的管理人员。专业的合同管理人员属于综合型人才，不仅具备工程方面的知识，还具备经济、法律等方面的知识。相关单位一方面要引入专业合同管理人才，并通过合理的薪酬留住人才；另一方面要加强对现有合同管理人员的培训，帮助其获取更多专业知识，提升应变能力和处理问题的能力。

（五）增强风险防范意识，细化合同条款

市政公用工程施工过程中可能发生不可预测的情况，合同主体应该增强风险防范意识，尽可能细化合同条款。在合同价款方面，若合同只规定总价而没有明确合同价款包含范围，合同主体双方容易在费用界定时产生纠纷。市政公用工程施工合同应尽量明确哪些款项由甲方承担，哪些款项由乙方承担，并明确具体的费用计算方式。在工期方面，合同虽会规定工程施工工期和工期滞后的惩罚措施，但约束力度不足。因此，甲方可以将工期与付款期结合起来，通过付款节点控制工程进度。在工程人员方面，合同应明确规定项目负责人的权利、义务，以防止出现施工单位随意更换项目经理的现象。在后期维护方面，工程保修条款的作用也不容忽视，因此合同应细化保修条款，明确保修期间各

方的责任、义务和保修付款条件、方式，保证后期的维修工作。通过细化施工合同内容，合同主体可以规避风险点，保证施工质量。

市政公用工程施工合同的不断完善会推进市政公用工程施工的发展，也会在工程资源配置、工程进程监控和工程质量保障方面发挥重要作用。市政公用工程施工项目的各方利益主体应充分认识施工合同的重要性，积极解决合同管理过程中出现的各种问题，严格执行合同中的条款和规定，提升合同管理人员的综合素质及合同管理水平。

第三节　市政公用工程施工成本管理

随着城市化进程的不断加快，市政公用工程的数量日益增多，只有切实做好施工成本管理工作，才能为施工活动的高质量开展奠定基础，才能切实提高市政公用工程的价值。但是，当前的市政公用工程施工成本管理尚且存在一些问题，不利于施工活动的顺利开展，也不利于投资成本的高效利用。在这种情况下，市政公用工程施工成本管理人员应在系统了解当前施工成本管理问题的基础上，采取有针对性的应对措施，以显著增强管理实效。

一、市政公用工程施工成本管理存在的问题

市政公用工程更加注重社会效益，其服务是面向大众的，市民和政府对市政公用工程都具有较高的要求，具有成本管理难的特点，因此市政公用工程要确保施工质量、施工进度。

目前，市政公用工程施工成本管理存在以下几个问题：

（一）成本管理制度不完善

完善的市政公用工程施工成本管理制度是做好管理工作的重要保证，它能为管理工作提供依据，指导管理工作的开展。市政公用工程施工成本管理制度不完善、管理体系不合理，会导致工程项目亏损。

（二）成本管理意识缺乏

市政公用工程施工单位的效益和成本管理具有密切联系，部分市政公用工程施工单位没有意识到成本管理的作用，缺乏成本管理意识。

（三）成本管理工作落后

一些市政公用工程施工单位只在投标或启动阶段进行成本估算，由于从成本测算中获得的成本数据不准确，容易导致项目亏损。

在合同签订后，一些市政公用工程施工单位项目部的人员对项目的了解有限，准备时间也不多，无法有效衡量成本。有的项目部负责人认为成本计划只是一种形式，往往临时制订成本计划。

只有通过成本规划，才能实现资源的合理分配。一些市政公用工程施工单位没有详细的成本控制计划，即使有，也不能及时纠正与计划的偏差。

一些市政公用工程施工单位的成本仍由高层管理人员凭经验进行控制，没有采用科学的成本控制方法，无法落实成本控制要求。

二、市政公用工程施工成本管理的优化措施

（一）投标阶段的成本管理

市政公用工程施工单位需要在投标阶段明确其投标策略和施工计划，以决

定是否继续进行。首先，市政公用工程施工单位要对招标文件进行彻底审查。市政公用工程施工单位应根据招标文件的要求，分析自己是否有承包能力，并判断招标文件是否有潜在风险。其次，市政公用工程施工单位要注重工程量的复核。在投标时市政公用工程施工单位对清单报价的计算要准确，在正式投标前需要进行详细的工程量复核，防止亏损。最后，市政公用工程施工单位要注重投标细节。在确定投标策略后，市政公用工程施工单位要对投标文件的准确性、完整性进行分析。

（二）施工过程中的成本管理

1.建立成本管理的责任体系

项目经理对成本负责，每个部门都必须计算自己的成本，而每个部门的技术人员必须控制项目实施过程，确保在降低成本的同时达到标准。此外，施工单位为提高管理效率需要制定激励和惩罚措施，并确保所有成员参与成本控制。施工单位要完善管理制度，规范劳动管理，避免成本浪费，重点关注工作人员的工资和每月出勤津贴，防止发生拖欠工资的问题。与此同时，施工单位还需要加强对工程项目的整体管理。在施工准备阶段，施工单位要科学建立施工组织体系，在保证施工质量的同时节约成本。成本管理体系的建立需要以项目经理为核心。项目经理在施工阶段的主要任务是对工程的进度、质量等方面实施全面的管理控制，编制施工成本预算。

2.加强对工期成本的管理

全方位的质量成本管理需要制订有效的工期成本计划。为防止返工产生的成本浪费，确保一次性施工质量合格，控制工期成本，施工单位要重视对工期的管理。市政公用工程施工可能处于人流量、车流量大的环境中，影响着人们的日常生活。如果市政公用工程延期，一方面增加了施工设备的管理和租赁费用，另一方面会对施工单位造成负面影响。所以，施工单位要加强对市政公用工程工期的管控。

3.做好预算控制

施工单位要想做好预算控制，应从以下两个方面着手：

第一，要加强劳动力成本管理。施工单位可以通过完善人力资源组织团队、优化人力资源管理体系、激励所有成员履行职责、对财务人员进行培训等方式来控制人力成本，从而实现人力资源价值的最大化，降低运营成本。

第二，要控制材料、设备成本。控制材料成本主要是指通过整体过程管理，充分利用材料，尽量减少材料的浪费。另外，施工单位还要加强对机械使用、维保成本的管理，同时对间接费用的管理也需要改进。

（三）竣工阶段的成本管理

1.保证工程顺利交付

目前，一些施工单位在扫尾阶段耗时过长，使机器设备无法按时转移，造成不必要的成本支出。因此，施工单位有必要在确保项目质量的同时，尽量减少扫尾作业的时间。在工程保修期内，施工单位还需要安排相应的负责人对保修情况进行管控，以减少保修期间的费用支出。

2.重视项目成本评价

项目成本评价是成本管理工作的最后一个环节，如果评价工作不科学，不仅会挫伤参与人员的积极性，也会对成本管理工作产生不利影响。在项目完成后施工单位应及时进行成本评价。这项审查包括项目的成本评价和每个子项目的成本评价。项目成本评价应该由项目经理负责，而各个子项目的成本评价应该由各自的工作负责人负责。评价结果是对参与项目实施的成员进行奖励和惩罚的依据。评价必须公平公正，充分考虑到项目的效益、公司的利益和社会效益。成本评价必须以成本计划为基础，充分考虑到项目的具体情况和特殊性，加强对各部门的监督，调动项目参与者的积极性。

3.建立全过程的成本核算体系

施工单位必须优化其成本核算体系，并确保管理层通过成本核算来了解所有成本数据。在实施项目时，施工单位必须明确各个项目的成本支出，编制成本报表，加强对各项支出的控制。成本核算是项目管理的一个重要部分，在成本管理中起着关键作用。施工单位需要加强对成本及明细的分析，为之后的成本预算和管理工作提供依据。项目部相关人员需要对工程项目进行成本核算。核算的内容包括：材料费、人工费、办公费、机械费、差旅费等。市政公用工程在施工过程中会有许多变数，因此施工单位需要加强各个环节成本费用的控制。

第四节　市政公用工程施工技术管理

市政公用工程与人们的生活息息相关，是建设城市物质文明和精神文明的重要保证。市政公用工程的质量反映了城市发展的水平。与一些发达国家相比，我国的市政公用工程施工技术还有很大的发展空间。因此，我国应不断改进市政公用工程施工技术，并重视对市政公用工程施工技术的管理工作。

一、市政公用工程施工技术管理的原则

（一）政策性原则

因为市政公用工程项目在实际开展过程中，经常会涉及自然资源的使用，所以政府针对相关内容制定了各种制度规范。在应用市政公用工程施工技术的过程中，施工单位要遵循政策性原则，不能出现违反国家政策的施工行为；在进行市政公用工程施工技术管理时，也要根据政策性原则对施工技术的应用进行监督。

（二）科学性原则

在实际开展市政公用工程施工技术管理的过程中，施工单位要增强市政公用工程项目的科学性和规范性，注意机械设备的规范使用；要借助科学性原则，提升整体施工水平。此外，在市政公用工程施工过程中，施工人员可以对原有技术进行创新，并对新技术进行运用。在运用新技术的过程中，施工人员要保证其与工程相匹配，否则会造成技术与工程项目不相适应的情况，引发严重的风险。管理人员要对新技术进行全方位监测，保证新技术能够很好地应用于市政公用工程之中。

（三）环保性原则

当前，我国对低碳和环保理念非常重视。市政公用工程施工要遵循环保性原则，考虑施工材料是否具有环保性，及使用的施工技术是否会对环境产生不良影响。管理人员要对施工技术进行管理，确保施工人员所采用的施工技术对环境影响较小，不会造成严重的环境污染。

二、市政公用工程施工技术管理存在的问题

（一）技术管理体系不够健全

在不同规模、不同特点的市政公用工程项目中，施工单位使用的管理方式基本相同，导致施工技术管理很难发挥作用。市政公用工程施工技术管理体系不健全，缺少明确的技术管理目标，会导致技术管理效果不佳，不仅会对工程质量造成影响，而且会影响施工进度。

（二）技术设计变更手续不够完善

如果工程设计方案出现变化，项目法人需要将其上报给初步设计审批单位进行审批，并完善与之相关的变更手续。然而，在市政公用工程施工技术管理中，经常会出现技术设计变更手续不完善的问题，影响施工进度。

（三）技术资料管理不善

技术资料是工程施工过程的记录，对施工技术管理人员来讲，具有非常重要的意义，特别是在一些涉及比较多的隐蔽工程的市政公用工程项目中，技术资料具有非常高的价值。然而，技术资料的收集与整理难度较大，容易出现各种问题，如资料不齐全、没有纸质记录等，这些问题会对市政公用工程施工技术管理工作产生不良影响，甚至导致施工技术管理工作难以正常开展。

三、市政公用工程施工技术管理的优化措施

（一）做好特殊路基处理技术管理

市政公用工程项目施工往往会遇到淤泥土或冲填土，这些区域的路基较软。针对这类软土地基，要采取有效的措施进行处理，确保路基的稳定性。在遇到降雨天气时，冲碾区容易出现积水，应及时采取有效措施进行排水，避免形成弹簧土。

（二）加强技术资料管理

在市政公用工程项目中，施工技术资料管理较为复杂，具有一定的管理难度。施工技术管理人员要加强施工技术资料管理，严格管理施工技术资料，确保施工技术资料的可靠性和真实性；要严格审查施工技术资料编制程序，做好

原始资料保存和记录，定期整理和检查相关文件，不断优化施工技术资料管理方式，提高整体施工技术资料管理水平。

（三）优化技术管理体系

要想进一步提高施工技术管理水平，施工单位就要在施工过程中遵守国家相关规定与技术标准，科学合理地组织施工。在施工过程中，施工技术管理人员要有效落实技术责任制度，对其中出现的问题进行研究与分析，制定科学有效的管理措施，及时解决相关问题；要组织施工人员与专家进行沟通交流，学习先进技术；要加强对施工人员的培训，提高其综合能力。在组织机构方面，施工单位可以建设三级监督体系，改善施工后期的管理效果，保证施工人员能够更好地参与有关工作。

（四）建立完善的技术管理制度

良好的施工技术管理制度是确保施工技术规范和质量达标的重要依据。为完善施工技术管理制度，施工单位可以从以下几个方面进行：一是针对市政公用工程施工技术管理重点问题、难点问题及各类突发问题制定相应的管理制度，制定好处理预案。二是明确各阶段施工负责人。一些市政公用工程具有工期长、工程量大、资金投入多及参与主体多的特点，因此要将工程进行合理划分，针对各阶段施工情况进行有针对性的技术管理，设置相应的技术管理人员，确保各个环节均有人负责、有人把控，如总工程师、各阶段技术负责人、总技术工程师、主任工程师及专职工程师等，充分发挥其技术管理职能。三是严格落实审核制度。市政公用工程的最终目标是控制成本、保障工程质量、获得收益。在市政公用工程施工前，要严格开展图纸和技术核定工作。一些市政公用工程牵涉内容较多，技术标准等方面存在一定差异，应建立审核制度和标准，严格落实审核工作，切实保障工程质量，降低造价成本。

第五节 市政公用工程施工现场管理

市政公用工程是城市建设中必不可少的内容，涉及交通、排水、燃气、环卫、防灾、园林绿化等各个方面，须按照相应的要求完成施工，从而保证城市建设的质量。市政公用工程的种类比较多，不同类别的工程施工现场管理侧重点不同。在实际施工中为了更好地保证工程的质量，施工单位需要关注施工现场管理的要求，做好管理制度、管理结构的优化，形成对施工现场人员、材料、设备以及技术的有序管控。在开展市政公用工程现场管理时，施工单位应该重视对常见管理问题的分析，结合具体的问题选择切实有效的管理措施，提升现场管理效果。

一、市政公用工程施工现场管理的意义

基于短期效益分析，提升市政公用工程施工现场管理水平，可以减少施工成本，增加项目经济效益。基于长期效益分析，提升市政公用工程施工现场管理水平，有利于提升施工单位的信誉度，增强其市场竞争实力。

科学管理市政公用工程的施工现场，可以减少资本浪费，减少施工单位的开支，有助于提升单位的经济效益；可以对施工人员的行为予以约束，防止其扰乱施工程序；可以通过奖惩制度提升施工人员的积极性，使其自觉规范施工操作，从而保障工程施工质量；可以使施工所用材料和设备统一放置在固定位置，保证施工现场的有序性，减少材料与设备丢失问题。

多数施工单位在承揽市政公用工程之后，会取得一定的发展。但如果施工单位不注重提升竞争力，还是会被市场淘汰。施工单位为了凸显自身优势，必须从工程施工质量方面入手。施工单位只有实行严格的管控措施，才可以保证工程建设成果，提升单位的信誉度，扩大市场份额。

二、市政公用工程施工现场管理存在的问题

（一）施工现场缺乏方案化管理

许多市政公用工程是关乎民生的重点工程，所以必须做好现场施工的准备工作。例如，原材料的购买、工作人员的筛选等。同时，市政公用工程的施工现场是否井然有序十分重要。施工现场制度的不完善，会导致工作人员没有固定的工作时长以及明确的工作目标。个别施工单位在施工前没有相应的施工准备措施，没有制定实际的施工方案，没有对整个项目进行设计，走一步看一步，严重影响了施工质量，甚至还有可能导致施工无法按照预期进行。同时，周围的环境也会对施工产生严重的影响。例如，在排污管道附近开展工程施工时，如果没有详细的图纸，盲目施工，就极容易对管道造成损坏，不仅会影响周边的环境与居民的生活，还会浪费大量的人力和物力。施工单位要从多个方面考虑实际施工现场的建设以及管理，只有从多个方面完善细节，对施工现场进行方案化管理，才可以更好地提高市政公用工程施工质量。

（二）现场管理人员缺乏责任心

施工现场管理人员要对整个工程的施工负责，所以在工作过程中一定要保持强烈的责任心。但是，一些施工单位的管理人员在工作过程中并不负责，导致施工现场管理效果不明显。只有具备责任心，管理人员的管理工作才能发挥作用，才能够有效确保市政公用工程的施工质量。为了使现场管理发挥实效，施工单位要重视监督工作。为此，施工单位可以成立监督管理部门，让监督管理部门的工作人员去监督现场管理人员，使现场管理人员的工作落到实处，从而更好地推动工程的顺利进行。

三、市政公用工程施工现场管理的优化措施

（一）完善现场管理体系

管理体系虽然存在于无形之中，但是能够深刻地影响施工人员的各种行为以及施工现场的环境。如果能够从根本上完善施工现场管理体系，那么不仅可以增强施工现场管理的规范性，还能够从多个方面保证工程的施工质量。所以，为了确保施工设备能够发挥最大的作用，施工单位应完善施工现场管理体系，加强对施工人员的管理，避免多种因素对施工质量的影响。

（二）提高现场管理队伍的专业性

市政公用工程施工人员大多教育水平不高，有时在履行相关的责任和义务的时候不能够很好地理解工程施工要求，在施工的过程中可能造成设备的损坏，无法保证施工的效果。因此，施工单位要重视施工现场管理。施工现场管理人员要对施工人员的操作进行管理，适时为他们提供指导，帮助他们按照施工要求完成施工任务。另外，材料的选购也十分重要。如果相关人员在购买材料时，只注重材料的价格而不注重材料的性能，就可能为工程埋下安全隐患。因此，施工现场管理人员一定要尽职尽责，不仅要做好人员管理和施工环境管理方面的工作，而且要重视材料的管理，对材料的购买以及材料的使用进行详细的记录。施工单位的负责人要对施工现场管理人员进行严格的筛选，根据他们的工作经历进行考核，同时还要对他们的专业能力和职业素养进行训练。可以实行相应的奖惩制度，激发施工现场管理人员的积极性。施工现场管理人员如果能够高效率地完成任务，就能够取得一定的精神奖励以及物质奖励。只有提高施工管理队伍的专业性，才能保证施工现场管理效果，杜绝施工隐患，避免各类安全事故的发生，从而保证工程质量和施工进度。

（三）推广智能化管理系统

在现代科技支持下，施工现场的机械化水平不断提升，施工现场管理正朝着信息化趋势发展。市政公用工程施工现场管理的过程复杂，涉及的工程材料非常多，因此可以使用智能化管理系统，灵活把控不同种类材料、设备的性能与质量，确保施工材料、施工设备满足工程要求，全面提升现场管理水平。此外，智能化管理系统还能够合理应用现代信息技术，优化现场管理方式，改善现场管理效果。利用智能化管理系统，施工现场管理人员可以更好地对施工队伍的工作进行协调，及时向上级反馈施工现场的问题，并对问题进行有效处理，实现对施工现场的规范化管理，提升施工现场管理成效。

第六节　市政公用工程施工进度管理

市政公用工程作为公共基础设施项目，是城市发展和人们生活的基本物质保障之一，随着中国城镇化的不断发展和社会的进步，市政公用工程建设显得越发重要。市政公用工程项目建设过程中，施工进度管理质量反映了施工单位项目管理水平的高低，直接影响项目的经济效益，甚至决定项目的成败。在具体项目建设中，相比铁路、公路等项目，市政公用工程处于城市内，更容易受各种因素的影响。因此，分析市政公用工程进度管理影响因素并有针对性地提出应对措施，是避免项目进度滞后、确保按时履约、提高项目收益率、维护参建各方利益的重要措施。

一、市政公用工程施工进度管理的重要性

市政公用工程在现代化城市的建设中发挥着重要作用，而施工进度管理是市政公用工程建设中重要的工作之一，通过施工进度管理可以对施工过程中各个环节的工作进行有效控制。施工单位必须按照施工计划合理安排施工，并对每个施工环节进行严格的管理，对实际工程进度进行有效检查，从而保证施工按计划要求完成。若在施工过程中出现影响进度的问题，施工单位必须及时采取补救措施，对施工计划进行有效调整，从而保证施工进度。

相较于其他工程而言，市政公用工程在进度控制上有更高的要求。市政公用工程的施工进度会在一定程度上影响整体工程的经济效益，如果工程不能在规定的时间内完成，就会导致施工成本的增加，从而造成难以弥补的损失。因此，在市政公用工程施工中，施工单位要对各个环节进行有效控制。同时，在保证施工进度的同时，还要对施工质量进行有效控制。另外，施工单位还要对该工程的投资进行严格控制。施工单位要明确进度、质量、投资控制的目标，通过市政公用工程管理工作协调三者的关系，提升工程的整体效益。

二、市政公用工程施工进度的影响因素

（一）计划不合理

前期规划是否科学合理决定着市政公用工程施工进度管理能否正常推进。众所周知，施工进度管理工作具有较强的计划性，只有保证进度计划的可靠性和合理性，才能更好地确保市政公用工程施工过程的顺利开展，避免各种混乱局面的出现。然而，部分市政公用工程施工单位在设定进度计划时，通常会受到复杂因素的影响，导致进度计划不够严谨，过于理想化，不具有较强的可行性。例如，对于有些技术要求较高的施工工序，没有进行深入的了解和研究，

不能很好地预估其工作量，造成施工进度规划不合理，后期的施工过程中也会出现很多问题。

（二）物资方面的影响

市政公用工程项目要想实现有序施工，必须有物资的支撑。如果不能及时供给物资或不能合理使用物资，就会影响施工进度。例如，在市政公用工程施工的过程中，施工单位没有做好物资方面的调度安排，导致机械设备和施工材料不能在合适的时间入场，进而影响施工工序的正常执行，延误了工期。如果施工材料的质量不达标或有关机械设备的型号不匹配，也会影响施工质量，甚至导致返工，使施工进度受到影响。

（三）施工方面的影响

对市政公用工程项目建设来说，施工方面的众多因素会给实际施工进度造成较大的影响。例如：施工人员所选的施工工艺不合适，或者较为依赖传统的施工手段，不能很好地运用新工艺，会延长施工时间，甚至影响工程质量；施工人员没有积极参与施工，工作积极性较低，消极怠工现象明显，施工效率偏低，会延误工期；施工人员没有很好的资质，不能很好地胜任施工任务，在施工上有所偏差，使施工进度受到严重的影响；等等。

（四）外界环境的影响

在通常情况下，市政公用工程的施工进度还会受现场环境的影响，这种因素的影响一般是不可控的，因此施工单位要引起足够的重视。例如，在市政公用工程施工过程中，施工单位遇到了非常严重的地质灾害，为了保证工程建设质量，难免需要停工一段时间，这就造成了工程施工工期的延误。除此之外，在施工现场，如果不能对既有构筑物或既有管线进行很好的处理，也会影响施工进度。

三、市政公用工程施工进度管理的优化措施

（一）完善和落实施工进度计划

市政公用工程项目对现代化城市的规划与建设具有重要的意义，并且会在很大程度上影响人们的日常生活。要想使市政公用工程项目的建设质量得到切实的保证，就必须重视施工进度管理。加大对施工进度的管控力度，不但可以保证工程按期完工，还能避免工期延误导致的成本上升。在项目管理中，进度管理属于很重要的一部分，直接影响市政公用工程项目的施工情况。因此，进度管理人员要从实际情况出发，通过采取合理有效的措施，对市政公用工程项目的进度进行严格把控。如图 6-1 所示，在管理市政公用工程项目的进度时，管理人员要从实际情况出发，将总进度计划落到实处。在这个前提下，进度管理人员要结合工程项目的具体实施情况，在重要节点进行总结、汇报，按时递交日报、周报、月报。这样不仅可以有效地控制工程的施工进度，而且能从工程的实际情况出发，及时、合理地调整施工进度。

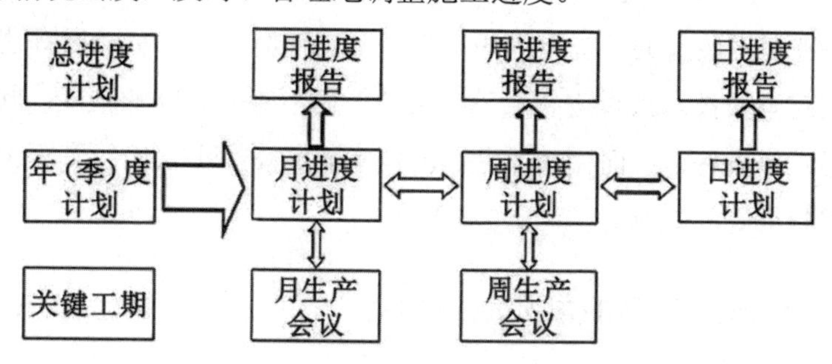

图 6-1　施工进度计划流程图

（二）做好施工物资调配管理工作

在市政公用工程施工过程中，必须合理利用各类物资。要想保证物资的合理运用，就要调配好物资，确保各类物资的及时供应，避免因为物资短缺而发

生停工的现象。在具体施工过程中，会出现很多问题，因此要明确施工的具体情况，确定机械设备和施工材料的入场时间。工程的相关管理人员必须根据施工现场的具体情况进行判断，将物资的购入、供应和调配工作做到位；同时还要关注材料质量是否满足施工要求、机械设备能不能良好运行，在遇到问题时及时采取合适的应对措施。

（三）加强施工现场的实时监控

在市政公用工程施工过程中，施工单位要想对施工现场进行合理控制，就要对施工现场进行实时监控。为了保证对施工现场进行实时监控的效果，管理人员一定要亲自到现场，第一时间解决施工中出现的问题，及时排除会对施工造成影响的一切不利因素。例如，如果发现施工图纸不合理，就要对工程进行变更，此时需要现场管理人员详细询问造成变更的原因和具体的变更需求，让相关技术人员及时制定切实可行的方案，确保工程可以继续推进，避免出现停工的情况。此外，施工进度受施工技术的影响也很大，因此施工单位要重点关注新工艺、新技术，让新的施工模式替代原有的施工模式，使施工效率得到提升，在保证工程质量的前提下缩短工期。要想使新的施工模式发挥优势，施工单位就要对有关技术人员进行培训，帮助他们不断提升职业技能；同时，要将现场指导工作做好，进而使新工艺、新技术能够发挥出它们的真正价值，使施工进度得到很好的控制。

（四）建立完善的事故应急预案

在市政公用工程施工过程中，有很多不确定因素，也许会有一些突发的事情发生。所以，施工单位的管理人员要有一定的忧患意识，要做好相关的安全防护管理，同时必须建立完整的事故应急预案体系，提前预设施工过程中会发生的各种安全事故。这样才能在事故出现时很好地去应对，确保施工人员的安全，防止安全事故导致的工期延误，确保工程整体进度。

（五）注重新技术的应用

近年来，我国的新兴科技不断兴起，在施工进度管理中融入新技术可以使施工进度得到更好的控制。例如，运用 BIM 5D 技术，进行工程量的核算、进度计划的控制、造价预算等工作，可以达到信息化管理的目的，实现集成化的控制；可以对项目中的所有环节进行模拟，从而很好地保证工程的施工安全、施工进度和工程的质量；可以协调不同部门的工作，确保管理人员可以对有关施工人员的施工情况、材料和设备的使用情况进行及时掌握，进而进行统一配置，尽可能实现对施工进度的动态化管理、数字化管理。

（六）加强施工进度管理总结

在取得一定的进展后，管理人员要将进度报告提供给施工单位。在市政公用工程施工进度管理中，月进度报告是核心，它的主要内容包括工程变更次数、施工进度计划的实施情况等。管理人员要对工程进度偏差进行分析，将发生偏差的原因找出来，对进度计划进行完善。管理人员还应该做好最后的总结工作，结合具体的施工进度计划完成情况，提出自己的意见和建议。

在市政公用工程项目中，管理人员要熟悉施工流程，提高检查频率。如果施工过程中出现了严重的问题，则应进行共同商议，讨论出一个全面的解决方案，把施工延期发生的概率降到最低。

要想对施工进度进行很好的控制，管理人员就要具备较高的综合素质。在市政公用工程施工之前，施工单位要组织管理人员参加有关培训和教育，在完成培训后，开展考评工作。只有考核过关的人才能到现场进行施工进度的管理工作。

总而言之，在城市建设中，市政公用工程项目是重点项目，和人们的日常生活关系密切。为了将市政公用工程项目的负面影响降到最低，就要加强市政公用工程施工进度管理。管理人员要通过施工进度管理保证施工效率，使工程按期竣工，从而促进城市建设的有序发展。

第七节　市政公用工程施工质量管理

近年来，我国城市发展的速度逐渐加快，市政公用工程的数量逐渐增加，对市政公用工程施工质量的要求也逐渐提升。但是，在市政公用工程施工的过程中，施工环节相对较多，发包商经常将其工程划分为不同的施工阶段，并承包给不同的施工单位，这样就会给施工质量管理带来一定的困难，甚至造成施工质量隐患。因此，在市政公用工程施工的过程中，应当重视施工质量管理，以此保证市政公用工程的质量。

一、市政公用工程施工质量管理的重要性

城镇地区本身和城镇居民群体对市政公用工程的依赖性是相当强的。市政公用工程的质量一旦出现问题，后期的工作将会耗费更多的人力和财力，甚至超出建设成本。如果承担着高密度的城镇人口生活需求的市政公用工程项目出现质量问题，还会对城镇大片区域的居民的正常生活产生严重影响。因此，市政公用工程施工质量管理是市政公用工程管理的重中之重。

二、市政公用工程施工质量管理存在的问题

（一）质量管理工作没有科学的质量管理体系支撑

由于市政公用工程施工项目的种类繁杂、数量繁多，并且施工项目的施工规模也大小不一，因此在当前市政公用工程施工质量管理过程当中还存在着难以实现系统化管理的问题。缺乏了系统化管理，市政公用工程施工质量管理人

员就很难依据已有的施工标准和质量管理标准来对施工过程和物料进行统一的把控，市政公用工程施工质量的稳定性就难以保证。同时，由于市政公用工程涉及的技术手段较多，施工人员在施工过程中要随时应对各种突发情况，相应的管理标准还不足以实现对施工过程的整体把控。

（二）市政公用工程的项目监理缺失

市政公用工程的监理，是在施工现场对施工项目建设过程当中的各个要素进行把控的最后一道关卡，是对市政公用工程质量有重大意义的一项工作。但是，在市政公用工程中，监理人员的素质参差不齐，其对市政公用工程项目的监督工作也难以发挥实效。

三、市政公用工程施工质量管理的优化措施

（一）强化质量管理意识

为了提升市政公用工程建设及发展水平，实现对施工质量的专业化管理，施工单位要不断强化项目管理人员的质量管理意识。

为此，施工单位要注重对市政公用工程建设中人员整体素质状况的分析，积极开展专业性强的培训活动，执行好激励与责任机制，明确施工质量管理人员的职责范围，使他们具有良好的质量管理意识及较高的专业素养，实现对市政公用工程施工质量的专业化管理，防止发生质量问题。

（二）健全质量管理体系

优化市政公用工程施工质量管理工作的对策之一，是建立完善的质量管理体系。要建立完善的质量管理体系，就必须对市政公用工程施工过程中的各项工作内容进行分解，制定细化的规定，并根据规定来进行全方位的监控。市政

公用工程施工单位要针对不同的工作内容和质量要求提出更加符合实际情况的建设方案，对市政公用工程施工质量进行系统把控。对于施工过程当中的不同环节，要实现责任到人，避免出现质量隐患。施工方和监理方要明确签订委托书，及时沟通，互相监督。监理要充分发挥自身的监督权力，当项目出现问题时要承担相应的监督缺失的责任。项目经理要到施工现场，科学合理地组建质量管理团队，并将监督管理的责任执行到位。对施工人员则要严格执行考核和奖惩等制度，以充分调动市政公用工程施工过程中基层人员质量管理的积极性。

（三）完善质量管理机制

为了更好地进行市政公用工程施工质量管理，施工单位要从制度层面入手，采取相应的措施。

管理人员要全面了解工程施工现场的实际情况，对材料质量管理及设备性能优化的重要性有一个正确的认识，将良好的管理理念、丰富的专业理论知识及实践经验等进行整合，为施工质量管理提供制度保障。

施工单位要完善市政公用工程施工质量管理机制，使市政公用工程施工质量管理工作更具针对性，全面提升施工质量管理水平，为市政公用工程的发展提供更多的保障。

（四）优化质量管理方式

在实现市政公用工程施工目标、满足质量管理计划高效实施要求的过程中，施工单位需要对质量管理方式的不断优化进行深入思考，避免影响工程建设质量。施工单位要采用精细化管理方式，设置切实可行的质量管理工作流程，细化相应的工作内容，为质量管理目标的实现及质量管理水平的提升提供技术支持。施工单位要注重信息化时代的形势变化分析，注重信息技术的使用，将信息化管理方式应用于市政公用工程施工质量管理工作中，实现对丰富的信息资源的充分利用，全面提升质量管理方面的信息化水平，给予市政公用工程建设及发展更多支持。与此同时，施工单位要对多样化管理方式下的施工质量管理效果进行分析，及时处理好细节问题。

第八节　市政公用工程施工安全管理

市政公用工程是城市发展的重要组成部分，而市政公用工程施工安全管理则是市政公用工程中的一项重要工作。市政公用工程施工安全管理不仅关系到工程的质量和进度，还关系到人民的生命财产安全和社会稳定。因此，加强市政公用工程施工安全管理，对于保障城市基础设施建设和维护社会和谐稳定具有重要意义。

一、市政公用工程施工安全管理要求

市政公用工程施工现场的环境复杂，常遇到交叉施工的情况。一般来说，市政公用工程施工以露天作业为主，工地现场位于城区或者郊区，影响因素较多，而工程施工任务紧，各工种人员立体施工，操作各类机械设备，开展交叉施工作业，给施工安全管理带来很大的挑战。在市政公用工程施工中，常见的安全事故包括坍塌、高处坠落、物体打击、触电、机械伤害、中毒和窒息、火灾等。如果发生安全事故，就会造成重大损失。例如，2023 年 2 月 25 日，某工地现场发生安全事故，该项目在地基开挖过程中出现了渗水情况，在进行清理时发生土方坍塌事故，造成 3 人死亡、4 人受伤。事故发生的原因为施工单位存在施工操作不当行为，忽视安全管理。为防范安全事故的发生，在市政公

用工程施工期间应该按如下要求做好安全管理工作：

第一，对安全隐患与事故进行预防。安全管理人员应根据常见的安全隐患与事故特点，结合市政公用工程的实际情况，采取系列安全防护措施，防范安全事故的发生，保障施工安全。

第二，对施工安全进行动态化管理。在市政公用工程施工期间，安全管理人员应该认真履行自身的职责与任务，做好现场的安全监督检查工作，防范安全事故的发生，保障工程施工安全、有序地开展。

二、市政公用工程施工安全管理存在的问题

（一）安全责任落实不到位

对以往市政公用工程发生的安全事故进行分析可以发现，安全事故的发生与安全管理责任落实不足有着很大的关系。在安全管理方面，相关人员未认真履行职责，对安全环境建设、安全教育与技术交底等的落实不到位，使得安全隐患与问题未能得到有效预防和控制，导致安全事故的发生，影响到安全管理目标的实现。

（二）安全管理方法落后

市政公用工程施工安全管理对象繁多，包括环境、机械设备、人员等，给工程安全管理带来很多的挑战。采取传统的粗放式管理模式，依靠现场的安全管理人员巡视检查，难以实现对市政公用工程施工全过程的有效管理，容易出现管理空白区，无法达到安全管理的要求。在管理方面，由于缺少有效的沟通方法，部门之间的数据信息共享度不高，无法实现安全管理的效益目标。

（三）安全管理效能不强

部分市政公用工程施工安全管理人员在开展安全管理工作时，没有围绕市政公用工程施工全过程，做好细节和要点的把控，使得各项安全管理措施没有得到落实，无法实现对施工安全的有效管理。他们忽视了对安全管理方法运用效果的评估，对安全管理的成效不够重视，没有及时进行安全管理的优化，使安全管理目标无法实现、安全管理效能不强。

三、市政公用工程施工安全管理的优化策略

（一）制定严格的责任制度

市政公用工程施工安全管理工作的开展和落实，应该严格实施责任制度，设置安全管理负责人，全面推进各项管理工作。施工单位要结合安全管理的需求，建立以项目经理为第一责任人的各级管理人员安全生产责任制，并加强对安全管理工作落实情况的动态化考核，及时掌握安全管理的情况，提出优化和完善的措施，保证市政公用工程施工安全管理到位。在工程安全管理方面，项目经理作为第一责任人，要结合市政公用工程施工安全管理的内容和要求，层层细化责任，形成责任清晰的安全生产责任体系，保障各项管理任务有效执行；要结合安全管理岗位的性质、特点以及内容，明确每个岗位的责任范围，构建完善的隐患排查机制与优化调整机制。在日常的安全管理中，安全管理人员要深入市政公用工程施工现场，开展安全隐患的排查工作，并及时采取有效措施，制定完善的应急预案，有效应对各类突发情况；要认真落实安全教育与技术交底，增强施工人员的安全意识，规范施工人员的安全行为，防范人员因素引发的安全事故。在施工作业现场，施工单位要认真落实安全环境建设工作，配置围挡设施，设置警示标识等，为施工人员提供安全帽及其他安全防护资源，保证施工人员与机械设备的安全，防范安全事故的发生。

（二）重视安全管理方法的优化

市政公用工程施工安全管理应该重视管理方法的优化，不断提升安全管理水平。施工单位要围绕工程施工的全过程，落实安全监督检查工作，并且结合安全生产情况，对采取的安全管理方法进行评估，及时发现安全管理存在的问题和不足，提出优化管理的措施，全面提高工程的安全管理水平。施工单位要通过对安全管理方法的不断优化，实现安全管理目标。

当前，工程领域安全管理形势发生很大的变化，传统的粗放式管理模式不再适用，施工单位应该积极转变安全管理理念，引入安全管理新方法，提高安全管理水平。未来，市政公用工程施工标准化、信息化水平不断提高，会在一定程度上降低安全事故的发生概率。

（三）增强安全管理效能

1.重点抓好危险性较大的工程管理

一般来说，市政公用工程中危险性较大的工程很多，比如管沟开挖与顶管施工等，都存在很多安全隐患与风险。在安全管理方面，施工单位要结合现场的地质条件、周围环境以及地下管线布设情况等，进行综合分析，识别潜在的安全隐患与问题，落实各项安全管理措施，保证施工的安全。例如，在开挖作业时认真做好支护防护，并避开雨季施工，合理安排施工工序，规范化开展施工作业。安全管理人员应该认真落实安全监督检查职责，督促现场的施工人员安全规范施工，避免安全事故的发生。

2.重视有限空间作业的安全管理

在有限的空间内开展作业，将会面临很多风险和隐患，应该认真落实安全管理措施，防范各类安全事故的发生。如果遇到下井作业的情况，应该先进行通风，在经过严格的检测后，再开展施工作业。施工单位要为施工人员提供安全防护资源，使其做好安全防护，以切实保护施工人员的生命安全；还要配备应急装备，严格落实应急管理制度，做到规范有效管理。

3.加强安全影响因素的管理

从市政公用工程施工安全管理的落实情况来看，施工单位应该加强安全影响因素的管理，在实践中，要围绕以下要素采取安全管理措施：

第一，环境。施工单位要对施工现场的环境进行预先调查，掌握地质地形与地下管线分布等情况，并且落实安全防护措施，营造安全有序的市政公用工程施工环境，防范环境安全问题的发生。

第二，机械设备。对于市政公用工程施工使用的机械设备，施工单位应该进行全面严格的检查，消除潜在的隐患与风险，保障机械化作业的安全，防范机械设备引发安全事故。在日常的管理中，施工单位要认真保养与维护机械设备，使其可以满足安全生产的要求。

第三，人员。施工单位要对施工人员进行安全教育，实现安全教育常态化，引导施工人员树立较强的安全意识，做好自我防护，规范安全操作行为，从而保障工程施工的安全。

第四，工艺技术。对于市政公用工程施工采用的工艺技术，施工单位应该认真做好事前技术交底，使施工人员熟练掌握工艺技术，保证工艺技术得到有效运用。

施工单位要认真贯彻精细化管理理念，加强市政公用工程施工安全影响因素的控制，防范各类安全事故的发生，保障工程施工安全有序地开展。

参 考 文 献

[1] 曹树仁. 市政公用工程中地下管线的保护措施探究[J]. 居舍，2023，(26)：149-152.

[2] 陈国亮. 市政公用工程施工质量控制及相关技术问题研究[J]. 绿色环保建材，2019，(11)：167.

[3] 陈海舟. 市政公用工程施工进度影响因素及应对措施分析[J]. 居业，2021，(04)：106-107.

[4] 陈君宇，郭晓龙. 市政公用工程道路路基施工工艺[J]. 四川建材，2023，49(12)：119-120，123.

[5] 陈马城. 市政公用工程施工现场管理内容提升[J]. 四川水泥，2020，(07)：184，188.

[6] 陈鹏飞，钟华. 大型市政公用工程施工总承包模式管理经验总结及探索[J]. 建筑技术开发，2022，(S1)：1-5.

[7] 陈青宇. 节能给排水技术在市政公用工程中的实践分析[J]. 绿色环保建材，2020，(06)：59，61.

[8] 付剑东. 市政公用工程常见质量问题及解决对策探讨[J]. 居舍，2021，(25)：37-38.

[9] 顾正洲. 市政公用工程道路路基施工技术探讨[J]. 地产，2019，(22)：159.

[10] 黄楚周. 市政公用工程造价变更管理措施[J]. 居业，2020，(07)：171-172.

[11] 黄楚周. 市政公用工程造价控制存在的问题及应对策略[J]. 四川建材，2020，46(08)：185-186.

[12] 黄立栋. 市政公用工程施工成本控制问题及对策研究[J]. 工程技术研究，2023，8(16)：117-119.

［13］黄霖. 研究市政公用工程道路路基施工技术[J]. 建材与装饰，2020，（09）：240-241.

［14］黄起锋. 市政公用工程道路路基施工技术[J]. 四川水泥，2020，（04）：32.

［15］季青华. 新技术、新设备在新时期市政公用工程中的运用[J]. 中国设备工程，2023，（23）：193-195.

［16］孔顺利. 市政公用工程道路路基施工技术探究[J]. 新型工业化，2021，11（04）：83-84，88.

［17］李彬. 探析昆山市市政公用工程排水管施工问题与质量控制[J]. 建材与装饰，2020，（06）：291-292.

［18］李建兵. 加强市政公用工程施工安全监督管理策略[J]. 工程建设与设计，2020，（01）：308-310.

［19］李凌宇. 精益化监理方法在市政公用工程项目质量管理中的应用[J]. 中阿科技论坛（中英文），2021，（07）：65-68.

［20］李文军. 市政公用工程道路路基施工技术探讨[J]. 新型工业化，2022，12（08）：122-125.

［21］李志平. 节能给排水技术在市政公用工程中的实践探究[J]. 大众标准化，2019，（18）：133+135.

［22］梁先流. 成本控制在市政公用工程中的实践[J]. 居舍，2020，（17）：185-186.

［23］梁先流. 市政公用工程的安全管理现状及对策分析[J]. 城市建设理论研究（电子版），2020，（09）：13.

［24］林树枝，施有志. EPC 模式下 BIM 技术在装配式市政公用工程中的应用研究[J]. 建设科技，2020，（Z1）：63-68.

［25］林赵龙，李正雄. 智慧工地在市政公用工程中的应用与分析[J]. 云南水力发电，2022，38（10）：278-283.

［26］林尊建. 市政公用工程道路路基施工技术[J]. 四川水泥，2020，（11）：

259-260.
[27] 刘新环. 市政公用工程项目施工阶段质量管理分析[J]. 现代物业（中旬刊），2020，（01）：180.
[28] 卢胜波. 初探市政公用工程施工技术问题及质量控制[J]. 四川建材，2021，47（02）：106-107.
[29] 缪志华. 市政公用工程中地下管线保护策略研究[J]. 现代物业（中旬刊），2019，（12）：166.
[30] 彭神斌. 市政公用工程给水管理中的常见问题[J]. 住宅与房地产，2020，（05）：150.
[31] 邵鹏. 市政公用工程项目管理中存在的问题及解决措施分析[J]. 现代物业（中旬刊），2020，（01）：182.
[32] 施载亮. 市政公用工程道路路基施工技术研究[J]. 现代物业（中旬刊），2020，（01）：184.
[33] 石雪强. 市政公用工程施工进度影响因素及应对措施[J]. 工程技术研究，2020，5（04）：186-187.
[34] 孙尧. 现场管理策划在市政公用工程项目中的运用[J]. 中国建筑金属结构，2022，（11）：109-111.
[35] 覃海燕. 市政公用工程排水管施工常见问题及质量控制[J]. 城市建设理论研究（电子版），2020，（09）：34.
[36] 唐国恒. 市政公用工程中地下管线保护策略[J]. 中国新通信，2019，21（22）：117.
[37] 王庆峰. 市政公用工程中地下管线保护策略[J]. 住宅与房地产，2020，（05）：223.
[38] 王瑞军. 市政公用工程中地下管线保护的措施[J]. 江苏建材，2022，（03）：107-108.
[39] 吴润聪. 市政公用工程施工现场管理探讨[J]. 居业，2023，（11）：156-158.

[40] 吴文煊. 探析市政公用工程中地下管线保护的措施[J]. 四川建材，2022，48（02）：102，104.

[41] 谢建强. 浅析市政公用工程的安全管理现状及对策[J]. 居舍，2021，（09）：129-130.

[42] 邢朗朗. 市政公用工程中地下管线保护策略探讨[J]. 住宅与房地产，2020，（04）：239.

[43] 薛庆宏. 市政公用工程道路路基施工技术分析[J]. 建材与装饰，2020，（10）：274-275.

[44] 杨大雨，林旭辉. 市政公用工程施工现场的安全管理措施[J]. 农家参谋，2020，（14）：219.

[45] 杨权. 市政公用工程彩色透水混凝土应用研究[J]. 科技创新与应用，2023，13（36）：169-172.

[46] 于景洋，冯雁，罗娇赢. 节能给排水技术在市政公用工程中的应用[J]. 住宅与房地产，2021，（22）：83-84.

[47] 余蓥霖. 市政公用工程项目施工阶段质量管理[J]. 散装水泥，2023，（02）：46-48.

[48] 袁亚鹏. 匠心铸基业创新谱华章——江苏金贸建设集团有限公司发展纪实[J]. 建筑，2021，（08）：64-66.

[49] 张方园. 市政公用工程施工项目的信息化管理建设浅论[J]. 科技风，2019，（20）：226-227.

[50] 张峰江. 市政公用工程道路路基施工技术研究[J]. 运输经理世界，2023，（32）：34-36.

[51] 张勇，李勤学. 市政公用工程道路路基施工技术[J]. 工程技术研究，2020，5（05）：86-87.

[52] 章华帆. 市政公用工程施工质量控制及相关技术问题研究[J]. 城市建设理论研究（电子版），2022，（25）：136-138.

[53] 赵鹏. 如何加强市政公用工程施工安全监督管理[J]. 中国高新区，2017，（10）：166-167.

[54] 赵婷婷. 市政公用工程项目施工阶段质量管理研究[J]. 现代物业（中旬刊），2020，（01）：173.

[55] 邹向娟. 加强市政公用工程施工安全监督管理策略[J]. 居业，2020，（11）：171-172.